U0038252

LET'S
CHALLENGE

LET'S
CHALLENGE

LET'S
CHALLENGE

新手OK！理想菜園設計DIY

CHAPTER 1

P.005

菜園DIY的12個月

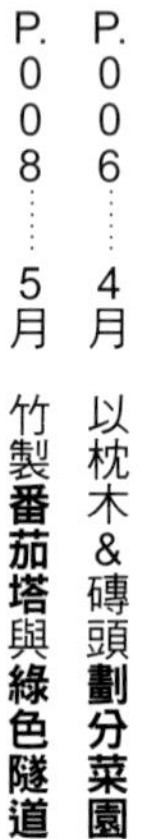

CHAPTER 2

P.029

學習DIY的基本知識

CHAPTER 3

P.041

一起來製作菜園用具吧！ －春&夏－

CONTENTS

前言

我於2011年，從生活至今的千葉縣住宅區小小租屋，搬到茨城縣筑波山腳的農村，開始人們所謂的鄉村生活，並以超便宜的價格買到300坪土地，還附了一棟昭和21年完工，有些傾斜的古老民家。既沒有現代化的廁所與浴室，也沒有新式的廚房，雖然必須動手進行各種修理才能順利生活，但以此為契機，DIY成為我生活上不可或缺的一部分，也成為了我的興趣。還住在租屋中時，我曾經在小庭院設置菜園，搬到這片土地後，便也將庭院的一部分開墾成菜園。

為了培育蔬菜，需要各式各樣的道具和物品。番茄支架和能夠在陽台種植蔬菜的栽培容器、製造堆肥的箱子、收納農具的小屋等，雖然在附近的生活五金材料行就可以買到，但幾乎都是毫無特色的塑膠材質，並且經過紫外線照射很快就會壞掉的東西。

開始現在的生活後，菜園所需要的物品幾乎都是自己作的，就算沒有專家般的完成度，但能作出適合自己、方便使用的物品就很讓人高興。使用木頭和竹子等自然素材製作的物品，用得越久就會越有味道這點也很棒。能夠在庭院料理鮮採蔬菜的戶外烤爐和石烤地瓜窯等，也讓種菜變得更愉快。

本書中所介紹的用具，是以我在家庭菜園雜誌《やさしい畑》（家の光協会）、《やさしいの時間》（NHK出版）及木製居家雜誌《LOGHOUSE Magazine》（地球丸）上的連載為基礎，再添加內容及重寫介紹的。除了用具和物品，也介紹了小水田的作法、以枕木及磚頭區劃菜園的方法等。如果參考本書能擴展讀者們種植蔬菜和DIY的樂趣，就太好了！

和田義弥

CHAPTER 1

菜園DIY的12個月

春天從菜園的區劃開始，冬天則收集落葉製作堆肥。
每月都有各式各樣的用具發揮功效。

DIY DATA

難易度／★
製作費／50,000日圓上下
製作時間／1天
尺寸／2,000×1,140㎜（枕木菜園），約890×1,120㎜（磚頭菜園）
作法請見P.042

以枕木和磚頭作出花台般的栽培空間，讓菜園成為庭院造景的一部分，也具有防止肥料和土壤外漏的優點。

以枕木&磚頭劃分菜園

我開始在現在的土地上生活，將廣大的庭院一部分開墾成菜園時，想著外觀也要營造出趣味感。不只是一畝畝地排列著所謂的「田」，而是以枕木、磚頭劃出栽培空間，將之確實和通路分開，宛如庭院延伸般，容易管理的菜園。

我也想讓栽培區表現出熱鬧感，便混種了各種作物。但不是歐風蔬菜庭院那樣的時髦風格，而是使用天然石頭、圓木及竹子等材料建造，想更重視自然的氛圍，每一年逐步地開墾土地，打造著自己想像中的菜園。

LET'S CHALLENGE

進階挑戰！
螺旋香草花園

以石頭堆疊出螺旋狀小山，有著立體感的菜園。螺旋形狀中有能促進農作物生長的祕密。

▼
P.046

1 磚頭菜園最適合小型庭院

雖說磚頭有各式各樣的種類，但以有歲月痕跡的舊磚頭創造出來的氛圍最好。沿著通道或圍牆的弧度堆疊磚頭菜園也很棒。

2 也能利用自然的木材和石頭

若身邊有石頭、木材等自然素材，就好好地利用吧！彎曲的木材讓菜園表現出動感。

3 以木屑預防並去除雜草

以彎折扭曲的圓木圍起的菜園有著遠近感。通道則鋪上木作鋸出來的木屑，以抑止雜草生長。

4 劃分通路方便管理

經常踩踏的通道土地堅固結實，方便行走，栽培區則能維持鬆軟的土質，除草等作業也較為方便。

5 小孩也能安心行走的木道

將直徑30cm左右的杉木疏伐材剖成兩半，埋入土裡製成的木道。由於周圍撒了玉米的種子，便取名為玉米大道。

種植蔬菜經常使用的支架，推薦利用竹子和樹枝製作。苦瓜攀爬竹製支柱所作出來的綠色隧道，也很受孩子歡迎。

竹製番茄塔與綠色隧道

DIY DATA

難易度／★
製作費／500日圓上下
製作時間／1天
尺寸／約2,000×1,140㎜（番茄塔）、約890×1,120㎜（綠色隧道）
作法請見P.042

番茄和茄子等夏季蔬菜，配合生長速度必須以支架支撐。在剛開始嘗試耕種菜園時，我雖然也在工具賣場買了幾根支架，但開始田園生活後才注意到，其實那些都可以竹子和樹枝代替。比起市售以綠色塑膠包覆薄鋼管的支架，利用彎曲樹枝和竹子製作的支架更有風情，能融入菜園中。

但是僅僅將竹子立起來一點也不有趣，於是我試著作成裝飾物般的番茄塔，和攀爬著苦瓜的隧道。

LET'S CHALLENGE

進階挑戰！
一坪水田

目標是能夠過著自給自足的生活，因此想著總有一天要作看看的水田。首先在菜園一角試著開墾了一坪大小的水田。

▼
P.050

1 看到就會想走入的綠色隧道

將竹子宛如夾住通道般，立成合掌式，並纏上細竹枝。藤蔓蜿蜒攀爬其上，就會成為綠色隧道，並能摘取從上垂吊下的苦瓜。

4 竹製番茄塔

以5至6根竹子組成圓錐狀，纏繞上葛藤及木通的藤蔓作為番茄支架。也適合用來牽引有藤蔓攀爬習性的菜豆。

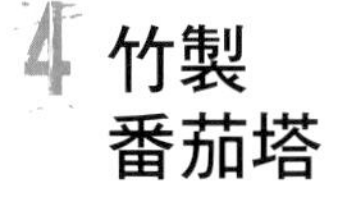

2 超簡單的茄子支架

茄子的植株是以主枝幹及延伸出的兩根側枝所構成，雖然基本作法是各枝條都以支架支撐，但只在周圍立起竹子，以麻繩圍起來也是OK的。

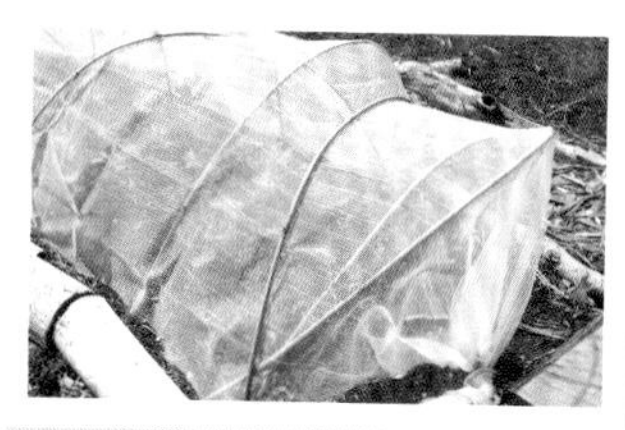

5 利用篠竹製作隧道的支架

細又柔軟的篠竹，最適合用來製作保溫用塑膠布隧道和防蟲網的支架。建議使用自然的素材。

3 以竹製拱形支架使番茄豐收

將竹子彎曲，搭出人可以彎腰穿過的高度，除了引導番茄藤攀爬之外，還能盡情延伸成長，目標是達成豐收。

DIY DATA

難易度／★★★

製作費／15,000日圓上下（若有購買鐵桶）

製作時間／半天至一天

尺寸／ϕ約580×H900㎜

作法請見P.052

水是種蔬菜時不可或缺的，不過若使用處理過的自來水，有種浪費的感覺。利用集雨器來有效活用雨水吧。

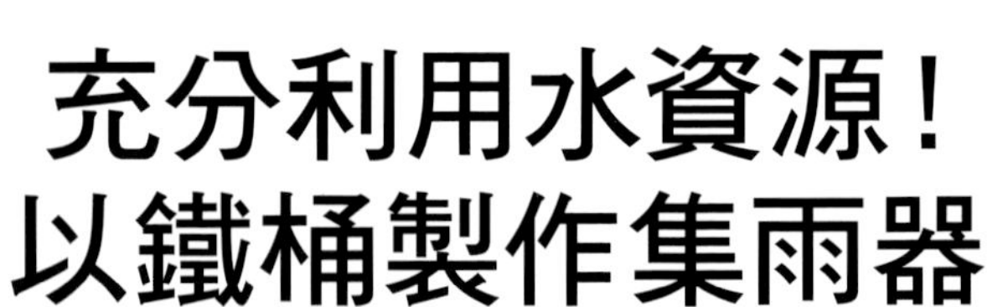

充分利用水資源！以鐵桶製作集雨器

由於能從廢棄物回收廠商處取得鐵桶，我便用來作成了集雨器。

因為能從屋簷的排水管接水，下到屋頂的雨水便能不浪費地進到鐵桶內，下一次雨就能裝滿容量200L的鐵桶。在安裝水龍頭時稍微煩惱了一下，不過在生活五金材料行找到了最適合的配件。以橡膠氣密條封填，就不用擔心漏水。雨水過濾器市面也有販售。

這個集雨器在澆灌栽培容器及清洗農具時非常好用，但常有孩子玩水用光之後，要使用時才發現沒水的狀況。

LET'S CHALLENGE

進階挑戰！
水耕栽培容器

利用舊鋼桶和盆栽製作的水耕栽培容器。不需要土壤，以水和肥料就能夠種植蔬菜。

▼
P.056

1 廢物利用就能低成本完成

由於這個汽油罐原本是用來裝食品的，衛生方面也令人安心。

2 從屋簷排水管取水提升集水效率

在屋簷排水管安裝雨水過濾器，與桶子以水管相連取水。雨水過濾器在網路商店等地方可以買到。

3 轉開水龍頭水就來！

在鐵桶盡可能靠近下端的位置，以鑽子和線鋸開孔，裝上水龍頭。為了防止漏水，要確實填縫。

4 利用雨水澆水就能節省水費

以容器栽培植物需要澆水，但使用自來水覺得稍微有點浪費，若是雨水就能盡情使用。

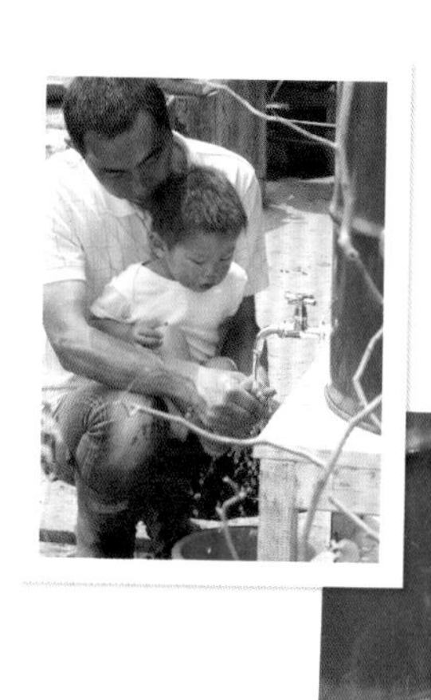

5 方便清洗

用來清洗孩子的腳、沾有泥土的鍬子和鏟子，或採下來的蔬果，用途甚多。

就算沒有院子或田地，只要有栽培容器也能體驗種菜的樂趣。也請善加利用空罐和已經不穿的長靴等，身邊能取得的廢棄物來試看看。

在陽台就能享受種菜樂趣的栽培容器

DIY DATA

難易度／★　製作費／3,000日圓上下　製作時間／一天

尺寸／W550×D170×H164mm（燒杉板栽培容器）、W638×D748×H840mm（三格栽培容器）、W638×D748×H840mm（栽培台）

作法請見P.058

※製作費和製作時間為兩個栽培容器加上栽培台合計。

想於玄關和陽台裝飾植物，就是栽培容器派上用場的時候。由於也具有觀賞目的，栽培容器不想使用市面販售的便宜塑膠製品，就以木材自己動手作了。

這裡介紹的栽培容器有兩種，其中一種的製作重點是將木材表面以噴槍烤過，除了具有防腐效果之外，以銅刷刷過就會浮現木紋，能呈現出很棒的氛圍。

另一種則可以培育三種植物，將內部作出區隔，邊角部分則裝上廢物利用的浪板點綴。兩種都是使用1×6板材就可以輕鬆完成，最適合DIY入門。

1 烘烤加工 防止腐蝕

將木材表面燒過就能防止腐蝕，再以銅刷打磨讓木紋浮現，呈現出美好的氛圍。

2 使用方便！ 階梯狀栽培台

有一個階梯狀栽培台就能有效利用空間，將植物和雜貨一起排放，設計出很棒的氛圍。

3 將內部區隔 種植三種作物

細長的栽培容器內部作出區隔，種植3種作物，將生長條件相似的蔬菜一起種植吧！

4 空罐也很可愛

竹筒和空罐也能搖身一變為栽培容器，為了要排水在底部開孔，適合種植小巧的葉菜。

5 意外好用的容器

有破洞的澆花壺和已經不穿的小孩長靴等，發揮裝飾巧思，什麼都能用來當作栽培容器。

DIY DATA

難易度／★

製作費／5,00日圓上下

製作時間／半天

尺寸／自行決定

作法請見P.064

栽種蔬菜時記錄品種和播種日是很重要的，以樹枝等材料製作名牌來標示吧！看板也是能增添氛圍的道具。

可愛又能輕鬆完成的看板和名牌

將蔬菜名稱和品種寫在名牌上，插在種植處，光是這樣就能給菜園帶來愉悅的氛圍。

可以使用樹枝和石頭，也推薦使用空瓶或是破裂的陶器、空罐及冰棒棍等廢料。記錄播種日和大約的收割日，也容易配合收穫時間進行管理。

試著在菜園的入口製作了看板。材料雖然是使用在生活五金材料行買到的便宜板材，但加上復古加工，就完成了宛如在美國舊城鎮矗立的看板。

LET'S CHALLENGE

進階挑戰！
保護作物 不受小鳥侵襲的稻草人

為了保護蔬菜和一坪水田的稻穗不受到小鳥的侵襲，以稻草和舊衣服製作了稻草人。也能作為菜園的吉祥物。

▼
P.066

1 邀請來園走走的復古看板

將板材表面添上傷痕，重疊塗抹和打磨表現出年代久遠的氛圍，使用生鏽的舊釘子接合材料。

2 利用各種廢材

紅酒的空瓶和破裂的容器、罐頭蓋及冰棒棍等物品，也好好利用吧！作出統一感這點也很重要。

3 藉著樹枝的形狀作出獨特的標示

將樹枝表面削掉，寫上蔬菜的名稱。分岔的樹枝和彎曲的樹枝也別有趣味。

4 附有掛耳的看板充滿了氣勢

使用廢棄杉板製作我們家的第一個菜園看板。將杉板表面以銅刷打磨，清楚表現出木紋。

5 來找找形狀有趣的石頭吧

找找形狀有趣的石頭，塗上顏色畫上圖案也很好玩。只要作一次每年都可以使用。

6 使用壓克力顏料不容易褪色

雖說也可以油性筆寫上蔬菜名稱，但使用不容易褪色的壓克力顏料，不管在哪種材質上都容易書寫。

DIY DATA

難易度／★★★

製作費／5,000日圓上下

製作時間／1天

尺寸／約W1,100×D600×H1,000㎜

作法請見P.068

製造堆肥時最需要花費力氣的翻鋤動作，以能夠迴轉的容器替代的劃時代創意。能有效率地供給微生物氧氣，堆肥的熟成速度也會變快。

將廚餘變成堆肥的迴轉式堆肥發酵桶

要改良出適合種菜的土壤，堆肥不可或缺，以廚餘和落葉等為材料，便能夠自己動手製作。製作重點在於提供微生物適量的氧氣，充分發揮分解有機物的作用。

這個迴轉式堆肥發酵桶只要放入材料並迴轉攪拌，就能提供微生物氧氣，有效率地製作堆肥。材料中有廚餘和不要的蔬菜時，由於含有的水分較多容易腐敗，請盡可能去除水分再開始製作。搭配放入腐葉土等含有微生物的材料和米糠，也能夠促進發酵效果。開始發酵後桶內的溫度會上升。

LET'S CHALLENGE

進階挑戰！

蚯蚓堆肥發酵箱

蚯蚓吃了廚餘後排出的糞便，是讓土壤變得豐沃最棒的肥料。使用有孔的儲運籃製作利用蚯蚓特性的發酵桶。

▼
P.072

1 基本上使用植物性材料

放入廚餘時，盡可能挑選蔬菜和穀物等植物性材料，建議避開湯汁類和肉、魚等材料。

2 放入米糠就能促進發酵

米糠含有發酵菌，也能成為微生物的食物。材料的水分過多時，放入乾米糠就能調整。

3 迴轉容器有效率地供給微生物氧氣

一周一次左右，每次慢慢地轉2至3圈，攪拌桶內材料，供給微生物氧氣。

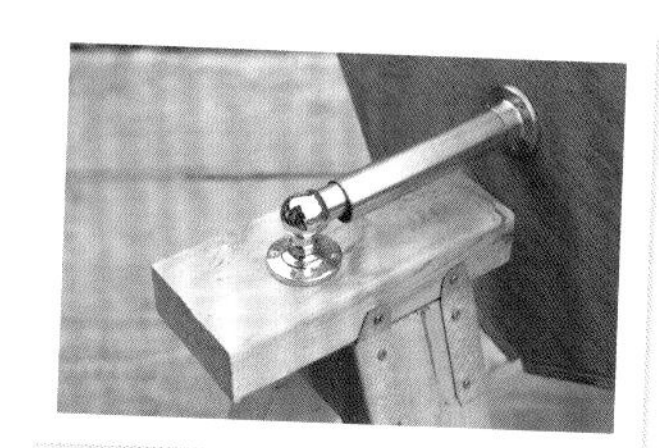

4 使用雙層套管以達到流暢地迴轉

在本體上固定25㎜管材，再穿入19㎜的管子。

5 將廚餘變成蓬鬆柔軟的堆肥

有機物分解到變成堆肥約需要3至4個月。由於在低溫的冬天會不容易發酵，建議在溫暖的季節進行。

6 以專用零件讓施工變得輕鬆

底座使用SPF板材專用的五金零件，讓施工變得簡單容易。搭配零件，只要將2×4板材以螺絲固定，就能作出穩定的腳架。

DIY DATA

難易度／★
製作費／3,000日圓上下
製作時間／1至2小時
尺寸／W300×D470×H360㎜
作法請見P.076

照顧菜園的樂趣不只在於種植，也將摘下的蔬菜作成美味的料理來品嚐吧！此時能夠大展身手的就是火箭爐了。

以火箭爐料理新鮮現採的蔬菜

所謂的火箭爐，是以18L鐵桶等隨手可得的材料，就能製作的簡易火爐。基本構造是將周圍鋪上隔熱材料的煙囪，安裝在火爐本體上，讓樹枝和木片等燃料能有效率地燃燒。由於用於料理和取暖也很有效，聽說在受災地區也被廣泛使用。

天氣好的假日，一整天都在菜園度過時，我大多是在戶外用餐，常會以火箭爐料理剛摘下來的蔬菜，休息時也能用來泡茶。我從以前就喜歡戶外活動，會開墾菜園也是延續這方面的興趣。

LET'S CHALLENGE
進階挑戰！
以鐵桶製作
石烤地瓜窯
燒柴將埋在小石頭間的地瓜，慢慢地烤得香甜的石烤地瓜窯，是以廢棄的鐵桶製作而成。
▼
P.080

1 隔熱材料是提升燃燒效率的祕密

油桶內裝滿改良土壤用的珍珠石，作為隔熱材料，提高煙囪的效果。也可以改用砂，但會沉重許多。

2 作成迷你尺寸以方便搬運

火箭爐本體使用2L油漆桶，煙囪和爐口則使用番茄醬罐頭，製作成超小型尺寸。火力足以輕鬆作出如煎荷包蛋這樣的料理。

3 以小樹枝和木片作為燃料

使用乾燥的小樹枝和木片當作燃料。火力不太能持久，所以須注意燃燒狀況追加燃料。

4 在庭院和菜園料理時大展身手

料理就不用說，蠶豆和玉米等想要趁新鮮食用的蔬菜也能當場水煮。

5 利用煙囪效果能有足夠的火勢

在火爐本體內的煙囪加熱後，從爐口大量灌入空氣，增長火勢。可以作到以大火料理食物。

11月能一口氣採收芋頭和地瓜，但是每次都為了儲存場所感到煩惱，於是決定製作地下室。根莖類蔬菜保存在土中是最好的。

以小巧的地下室保存冬天的蔬菜

DIY DATA

難易度／★★

製作費／3000日圓上下

製作時間／半天至1天

尺寸／W1,200×D910×H600㎜

作法請見P.082

地下儲藏室是利用土壤中環境溫度和濕度變化小的特性，來保存蔬菜。以前不像現在只要去超市，一年到頭都可以買到各種蔬菜，在保存和運送技術都不發達的時代，秋天採收的農作物會存放在地下儲藏室內，一直吃到春天。

因為一直都為了如何保存秋天挖出來的芋頭、地瓜、胡蘿蔔及白蘿蔔等蔬菜感到困擾，我們家也很想要一個這樣的地下儲藏室。保存蔬菜最重要的是溫度和濕度，太低或太高都不行。比起冰箱或食材倉庫，安定的土壤中更適合儲存。前人的智慧有許多值得學習之處啊！

動手製作的快樂！
DIY菜園生活
〔11月〕

LET'S CHALLENGE

進階挑戰！
以竹子製作的小溫室

為了保護蔬菜度過寒冬，便利用竹子製作了溫室。在春天育苗和防止害蟲時也很

▼
P.086

1 塗上保護漆防止腐朽

在箱子外側塗上木材保護漆防止腐朽，內側因為要放蔬菜，就不塗漆。箱子是足以放入大量蔬菜的大小。

2 以稻草保溫效果更佳

箱底鋪上稻草和稻殼，蔬菜上也鋪上厚厚一層稻草。能夠以較高溫度保存的地瓜，盡可能放在下層。

3 以容易拿取的方式收納蔬菜

利用儲運箱，將蔬菜整理在一起方便拿取。蔬菜上所沾的土壤盡量保留。

4 防止冷空氣的隔熱材料

由於蓋子是以鉸鏈開關，想要料理存放的蔬菜開關取用要快速。內側貼上隔熱材料，防止冷空氣侵入。

5 埋入地面就OK！

儲藏室埋在下雨時不會積水，排水良好的場所。雖然挖洞很辛苦，但加油吧！

DIY DATA

難易度／★★★
製作費／10,000日圓上下
製作時間／1至2日
尺寸／約W3,600×D910×H2,000㎜
作法請見P.088

將雜草和廚餘等不要的有機物作成堆肥，放回菜園讓土壤變得肥沃，再種出美味的蔬菜。利用堆肥小屋來將有機物循環利用吧。

發酵有機物循環利用的堆肥小屋

P.016雖然介紹了迴轉式堆肥發酵桶，但在我家最主要製作堆肥的場所，其實是這個堆肥小屋。底面910×2730㎜，高度2000㎜的簡易小屋，能夠大量放入雜草、落葉、廚餘和採收後蔬菜的殘渣。以柱子區分成三區，將堆起來的有機物由左往右移動，就能完成階段化的堆肥。

將有機物順利堆肥化的技巧，是將有水分的蔬菜殘渣和廚餘，與乾燥的落葉及米糠均衡地堆積，並且2至3周就翻攪一次，給予微生物大量氧氣以促進發酵。

動手製作的快樂！

DIY 菜園生活

〔12月〕

LET'S CHALLENGE

進階挑戰！

木製堆肥發酵箱

在小小的菜園中也能放置的木箱，特點是沒有箱底，能輕鬆進行堆肥攪拌的工作。

▼
P.092

1 燒炙過的杉木可以防止腐蝕

堆肥小屋的牆壁和柱子以噴槍烤過，將木頭表面炭化，能抑制因為微生物造成的木材腐朽。

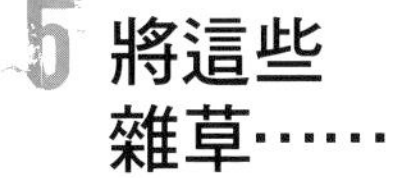

5 將這些雜草……作成優質的堆肥

青綠的雜草半年左右就會變成土狀的堆肥。緩慢發酵，有著微微的溫暖。

2 分三個區塊進行階段性堆肥

左邊是現在有機物放入的場所，正中央是已經熟成三個月左右，右邊是有機物幾乎已經分解完成的狀況。

3 大量的雜草和蔬菜渣也能放入

重點是要將水分多的雜草和乾燥的落葉均衡放入，並加上米糠以促進發酵。

4 鋪設有風情的杉木皮

屋頂鋪了疏伐材的杉木皮。不需要作到完全防雨，打底的屋頂底板不處理也可以。

6 以完成的堆肥製作栽培土

將完成的堆肥在種蔬菜前拌入土內，就能增加土中的微生物，也能積蓄養分。

1月

鋤頭和鏟子、耕耘機等，開始種菜後漸漸增加的工具和資材，有一個可以收納的農機具小屋會使作業方便很多。

DIY DATA

難易度／★★★
製作費／20,000日圓上下
製作時間／2天至4天
尺寸／約W2,730×D1,800×H2,300㎜
作法請見P.094

收納菜園工具的農機具小屋

自己動手蓋一間小屋，聽來似乎有點難度，不過這邊介紹的是只要兩個有點DIY經驗的大人，花兩個周末總共四天就能完成的簡單小屋。

雖然建築上有好幾種工法可以採用，但最簡單的是利用SPF版材製作的2×4工法。這棟小屋是以2×4板材組成的方形框，組合成結構體。由於組合只需要將材料以螺絲固定，沒有續接等困難加工，以製作大箱子般的感覺就能完成，面積是一張塌塌米大小左右。地基則是將地面鋪平，排上基礎石的簡單作法。屋頂則稍微花點工夫作成植草屋頂，可以種出不錯的韭菜和分蔥。

LET'S CHALLENGE

進階挑戰！
利用自然力量發熱的釀熱溫床

利用微生物分解有機物時的熱度的製作溫床，就能在氣溫尚低的早春培育苗種。

▼
P.100

1 側牆用來掛農具

屋頂下方的牆壁作成可以用來掛鋤頭和鏟子的形式。由於在屋簷下，不容易淋到雨。

4 利用彎曲的天然木材當作門把

門的把手和插銷利用彎曲的天然木材，選用手掌能確實握住的粗木枝，非常容易使用。

2 植草屋頂讓可愛度加分

只要在合板的底層貼上防水紙，周圍以板材圍住後，放入土壤就能完成的簡易植草屋頂。韭菜和分蔥根深植後，每年都能收割。

5 小庭院也可以擺放的尺寸

由於占地只有一張塌塌米大小，只要庭院的一角就能擺放。外牆可以塗成自己喜歡的顏色。

3 也能收納耕耘機

雖然空間有限，但也能收納小型的耕耘機和除草機。種子袋掛在牆壁上，就能一眼看清楚有哪些種子。

DIY DATA

難易度／★★

製作費／10,000日圓上下

製作時間／1天

尺寸／W500×D1,000×H129㎜（篩子）、約W1,000×D900×H850㎜（台座）

作法請見P.102

在原本不是田地的土地上開墾，土裡會有許多石塊參雜。在去除石塊時若有大型的篩土機會很方便，能作成鬆軟的土壤。

將土變得鬆軟的機能性篩土機

我家現在的菜園所在位置，據當地人的說法，原本是田地但後來被回填。以鏟子和鐵鍬開墾時，由於回填土有大量石頭，非常辛苦。為了能稍微輕鬆地去除石頭，便製作了這個篩土機。

篩土機是將以金屬管製成的滾輪裝在台座上，如此便可以少少的力氣，就搖晃過篩大量的土。另外，將篩土機的前側作成開闔式，篩出的石頭也能簡單丟棄。讓廣大菜園的土壤全部變得鬆軟，不是一朝一夕就可以作到的，我直到現在也還在埋頭苦幹呢！

LET'S CHALLENGE

進階挑戰！
小雞牽引機
雞會在行走時翻找泥土裡的小蟲和蚯蚓等食物，利用這個習性，來幫助耕作和除草。

▼
P.106

1 設置完成 將乾鬆的土裝入獨輪車

台座放上篩子，篩子下放置獨輪車。一次裝上4至5鏟的土搖晃過篩。

3 滾輪使篩土作業更省力氣

在台座裝上管徑大小不同的管子，作成滾輪，在上面前後滑動篩子，就能以省力的方式篩土。

2 前方為開闔式 篩出的石頭能夠輕鬆丟棄

篩子的前側以鉸鍊作成開闔式，篩出的石頭只要將篩子傾斜，就能輕鬆丟棄。

4 磨掉邊角的把手相當好握

握把部分以工藝刀將木材邊角削掉，再打磨滑順，合手又非常容易握住。

DIY DATA

難易度／★★

製作費／1,000日圓上下（鋁線籃）

製作時間／2至3小時

尺寸／自行決定

作法請見P.108

※製作時間為鋁線籃和藤編籃各作一個的時間。

為了方便移動採收的大量蔬菜，在收割時都會帶著的手作籃。也可以用來搬運工具，或放在廚房的架子上盛裝蔬菜。

以鐵絲和藤蔓製作的收穫籃

一到夏天，庭院周圍的葛藤就長得茂盛無比。到了冬天會枯萎，於是收集藤蔓製作蔬菜收穫籃。雖然木通和山葡萄的藤蔓較有彈性又堅固，不過利用身邊的物品是我的準則，葛藤就已經足以使用。

藤籃先以芯材十字交叉編織，再將藤蔓捲繞在芯材上即可。一開始作不出想要的形狀也沒關係，由於作法簡單，製作2至3個後就能抓住要訣。

也推薦以鋁線製作籃子。雖然是比較細緻的作業，但是鋁線柔軟容易加工，花2至3小時就能完成。

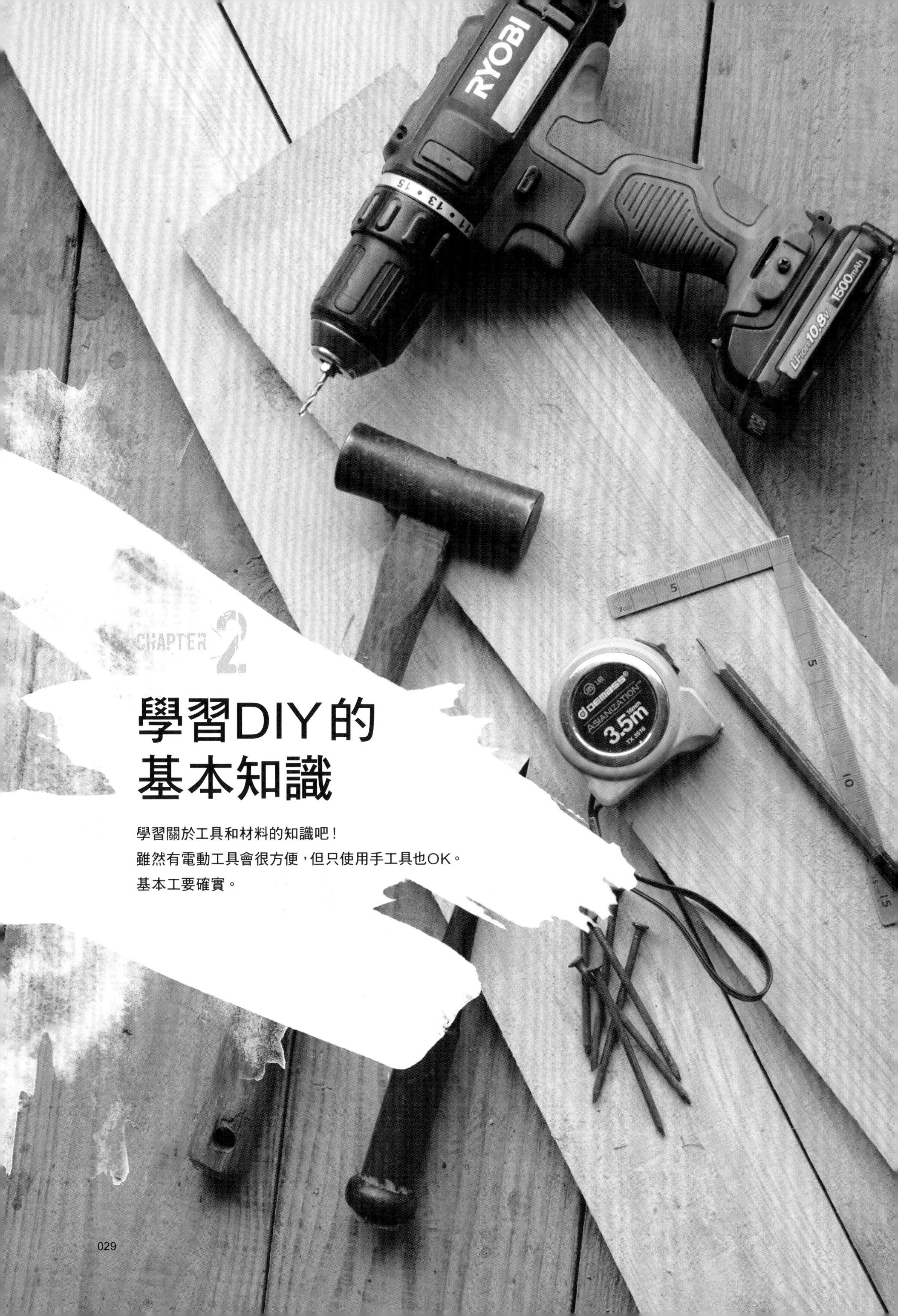

CHAPTER 2

學習DIY的基本知識

學習關於工具和材料的知識吧！
雖然有電動工具會很方便，但只使用手工具也OK。
基本工要確實。

菜園DIY的基本

DIY使用的材料，可以在生活五金材料行和網路買到。無論是木材或五金零件，實際上有很多種類，初學者常會困惑該如何選擇，在此將介紹本書所使用的基本材料以供參考。

TREE* 木材

木材根據樹種，其耐久性和加工性會有所不同，尺寸也有各種規格。本書將常使用的木材大略分為三種，都是容易取得、加工的木材。

夾板

將薄板材貼合的夾板，少翹曲和伸縮。一般為2.5至24㎜厚，由於有長寬910×1,820㎜的大片板材，用於裁切原木材不容易取得的尺寸時很方便。
用在戶外時，使用有耐水性的夾板能更持久。

SPF板材

原木材的一種，但是特指美規的材料，例如2×4板材代表切面為2英吋×4英吋（實際尺寸會多少有落差）。樹種以SPF，也就是雲杉（Spruce）、松木（Pine）、冷杉（Fir）為主。

SPF板材的種類	切面尺寸	價格參考
1×2	19×38㎜	300日圓
1×3	19×63㎜	400日圓
1×4	19×89㎜	200日圓
1×6	19×140㎜	600日圓
1×8	19×184㎜	900日圓
1×10	19×235㎜	1,400日圓
1×12	19×286㎜	1,600日圓
2×2	38×38㎜	350日圓
2×4	38×89㎜	300日圓
2×6	38×140㎜	700日圓
2×8	38×184㎜	1,200日圓
2×10	38×235㎜	1,700日圓
4×4	89×89㎜	2,500日圓

原木材

將從山裡砍下的原木，依照規格裁切製成的天然板材。依樹種不同，使用特性會有很大的差異。本書主要使用針葉樹種的杉木，便宜又容易加工，尺寸也相當豐富。與松木和檜木相比，杉木的強度和耐久性更高。

原木材的種類	尺寸	價格參考
杉木 屋頂底板	9×90×1,820㎜	1,200日圓（1坪）
杉木 地板底材	12×180×1,820㎜	1,800日圓（1坪）
杉木 間柱	28×105×3,000㎜	500日圓
杉木 角材二寸五分	75×75×2,000㎜	1,000日圓
赤松 屋頂斜樑	45×45×2,000㎜	550日圓
赤松 棧木	24×48×2,000㎜	250日圓
赤松 橫木	15×90×2,000㎜	400日圓
赤松 橫條板	15×45×2,000㎜	200日圓
檜木 角材二寸五分	75×75×2,000㎜	1,200日圓

集成板不適合菜園DIY

集成板是將角材或板材壓合製成，變形少、容易加工，但不耐水氣，所以不適合作為主要在戶外使用的菜園DIY材料，較適合用來製作屋內使用的層架等。

使用釘子和螺絲，不需要困難的加工就能夠簡單接合木材。
開關門扇使用鉸鏈安裝最方便。依狀況選用適合的五金零件吧！

HARDWARE*

五金零件

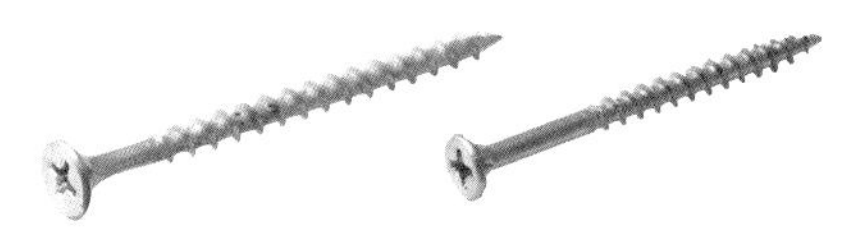

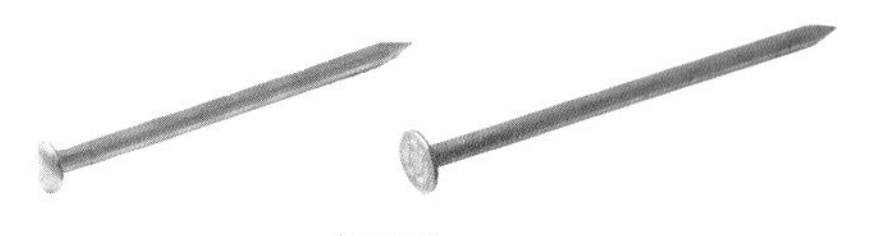

自攻螺絲

分成接合力高的粗牙螺絲（左，通常提到螺絲是指這種）和不容易使木材裂開的細牙螺絲（右）。以電動衝擊起子機鎖上。

釘子

沒有電動工具時，便以釘子接合木材。外觀漂亮的銅釘（左），也時常用於裝飾。

固定鎖片

使門扇和蓋子關上時能夠固定的五金零件，有許多種不同的構造及固定方式。

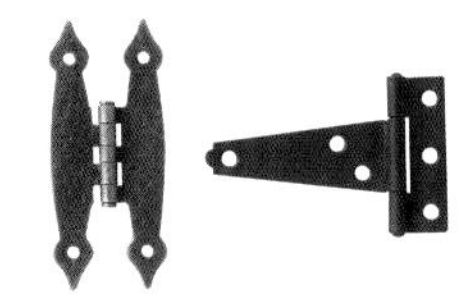

鉸鍊

用於需要開闔的門扇和蓋子。最常見的是四方形的活頁鉸鍊，不過使用有設計感的鉸鍊也很有趣。

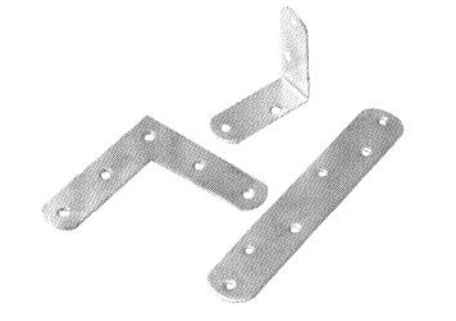

補強零件

有T、I、L型等種類的五金零件，固定在對接的木材面上，也能補強釘子和螺絲。

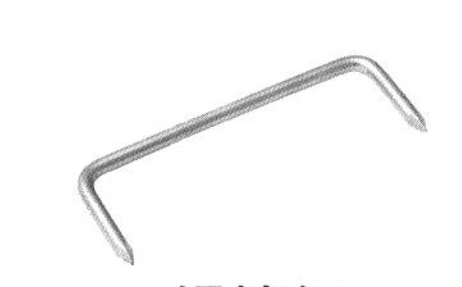

螞蝗釘

為ㄇ形釘的一種，將尖銳的前端打入要對接的木材兩邊固定。

GARDENING MATERIAL*

園藝資材

設計出理想菜園不可缺少的枕木、磚頭等園藝資材。
也活用天然木材和石頭、竹子等身邊有的材料吧！

基礎石

以水泥固定的磚石作為小屋的基礎。金屬板能夠用於固定底座。

水泥

用於固定磚頭。一般要拌入砂混合，但也有只要加水就能使用的方便類型。

磚頭

將黏土和泥巴以窯燒至結固作成，復古式磚頭雖然價格稍高但充滿風味。

枕木

用於鋪設線路，已經注入防腐劑的厚重木材。雖然是以中古品為主，也能買到新品。

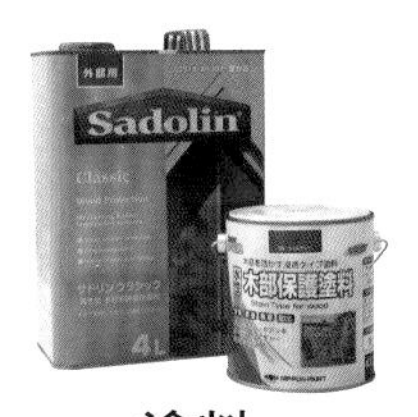

塗料

保護木材不受紫外線和腐蝕影響，能提高耐久性，也會改變木材的顏色。

繩子

用於綑綁竹子、引導作物攀爬。推薦使用天然的麻或棕櫚製的繩子。

竹子

直徑3cm左右的細竹子較容易使用，製作支架和綠色隧道等，可以使用的範圍極廣。

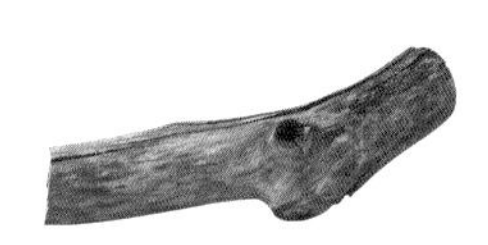

天然木

枯枝和倒塌的樹木等天然木材，能夠利用在製作門把和菜園區劃。

菜園DIY的基本工具

裁切和接合木材需要工具，由於一開始就全部準備會很辛苦，將需要的工具一點一點備齊就可以了。電動工具感覺使用門檻較高，但能夠大幅提高作業效率和成品品質。

水準器

以氣泡測量水平和垂直的工具，用於建造小屋的基礎和立柱時。

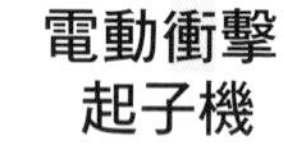

電動衝擊起子機

栓螺絲時的必要工具。能於迴轉方向加上衝擊，強力鎖固螺絲。

必備的七項工具

DIY的基本為測量、裁切和連接作業。只要有這7項工具，幾乎就可以完成所有的工作。

鋸子

能夠替換鋸片的類型為主流。橫鋸用、直鋸用或兩種兼用等，種類甚多。

捲尺

捲繞式的金屬捲尺，長度一般為2至5.5m，用來測量較長的材料很方便。

直角尺

金屬製的直角尺規，可用於測量長度，確定直角，是放樣時不可缺少的工具。

圓鋸

以圓型鋸片迴轉裁切木材的電動工具，能夠快速又精確地裁斷木材。

鐵錘

打釘子用的工具。重量約450g左右，選擇長度為握著鐵錘頭時，柄的前端可以碰到肘關節的，使用上會較方便。

拓展DIY範圍幫手的便利電動工具

手工作業會很辛苦的曲線裁切和金屬切割，
只要有電動工具就變得輕鬆。

電鋸

以上下運轉的刀刃切割木材和金屬，適合切割曲線。

電動拋光機

底部的砂紙能小幅度震動，以研磨材料。

砂輪機

以高速迴轉的切片切割材料、研磨。也能切割金屬和磚頭。

電動起子

能夠藉由離合器功能，調整鎖固螺絲的力道，用於開孔也很方便。

輕鬆DIY的小工具

就算電動工具再方便，
也無法光靠電動工具完成作品，
需要各種小工具幫忙。

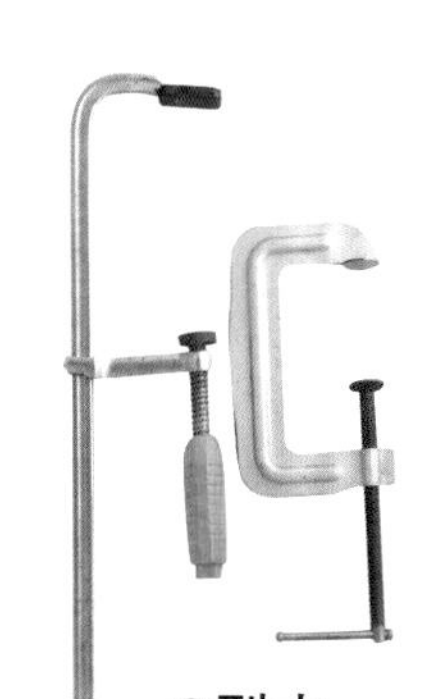

C型夾

切割材料時，用以固定材料防止的工具。建議最少準備2個。

鉗子

彎折線材、裁切，夾住材料按壓等，只要有一把就能用在許多地方。

手鑽

沒有電動工具的狀況，要打釘子時開下孔使用，從以前流傳到現在的工具。

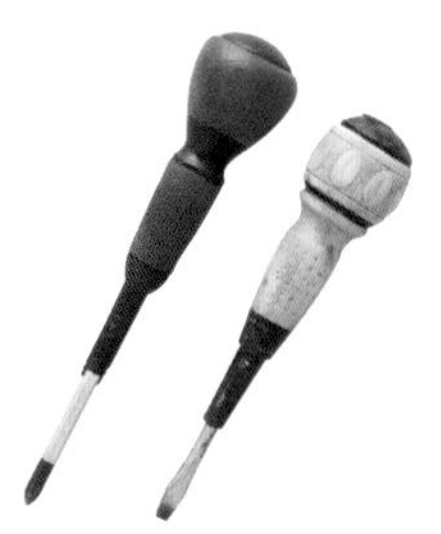

螺絲起子

在鎖固小型五金鐵件的螺絲時，比起電動工具，使用螺絲起子會更加確實。請準備與螺絲相應的大小。

圓鋸機導尺

有這個工具，就算是初學者也可以正確地以圓鋸機切出直線。也有可以調整角度的導尺（左）。

刀片

除了一般的切割刀外，也準備削木材用的工藝刀會較好。

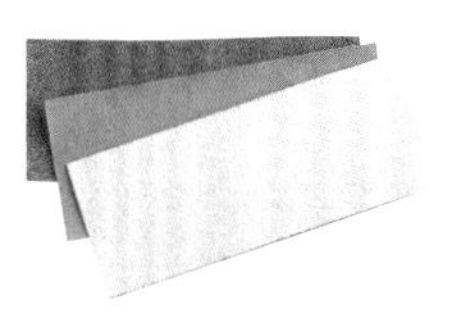

砂紙

用在作品修飾和塗裝打底，備齊粗細不同的砂紙吧！

刷子

用於塗裝，要注意使用後如未確實清洗，塗料乾燥後會凝固在刷子上。

DIY的基本技巧

在此詳細解說木材加工的基本技巧。學會工具的正確使用方法，了解製作的訣竅吧！一邊確認每一項步驟來執行是很重要的。

捲尺的尺頭鉤使用方法

在捲尺的前端有著活動式的尺頭鉤，能夠勾住或是壓住材料。使用這種捲尺並以正確方式測量，可以修正尺頭鉤厚度造成的誤差。

以尺頭鉤勾住材料

一般在測量材料時，會如圖般在以尺頭鉤勾住材料。此時只要拉伸捲尺，使尺頭鉤拉開自身厚度的寬度，材料的轉角就會是在刻度0的起點。

以尺頭鉤抵住材料

測量箱子內側和地板到天花板高度時，將尺頭鉤抵住。這時候活動式尺頭鉤被按壓會縮緊，抵住板面的尺頭鉤邊緣即為刻度0的起點。

尺寸測量

DIY第一步就是測量材料尺寸。雖然看似簡單，但尺寸只要有稍微的誤差就會影響到作品完成度，所以請慎重地進行。捲尺和直角尺的用法有其技巧。

測量尺寸・放樣

1 裁切邊端

買回來的材料不一定會是直角，所以在測量尺寸前以圓鋸導尺，將切面裁成直角。

2 以捲尺測量

以捲尺測量尺寸時，盡可能對準材料邊端，直線拉出捲尺，以細線畫上小小的標記。

3 對上直角尺

在以捲尺測量標記處，放上直角尺。直角尺長邊稍微勾在材料，線則畫在短邊的外側

4 拉墨線

畫墨線時盡可能畫細線，粗線的寬度會造成誤差。畫墨線時請從直角尺的正上方看。

木材切割

雖然裁切是DIY的基本，但沿著墨線直線切割的意外地困難。重點是固定材料避免滑動。如果使用圓鋸機切割，就配合導尺。能正確裁切材料，作品就等於完成了一半。

以鋸子裁切

1 畫墨線

使用鋸子裁切時，在上面和側面畫墨線，要保持鋸子沿著兩面的墨線切割。

2 壓住材料

裁切時為了讓材料不要滑動，利用體重壓住材料，或以C型夾確實固定，調整出容易裁切的姿勢。

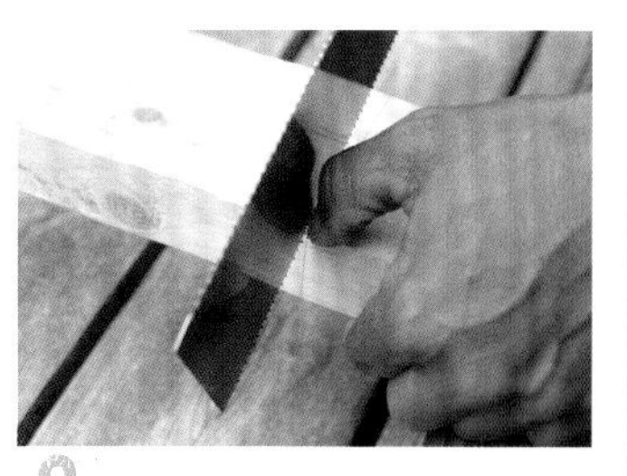

3 將鋸刃對準墨線

開始裁切時從材料離自己較遠側的邊角開始。大拇指指甲對準墨線，鋸子正好對在墨線上，慢慢移動。

4 作出鋸槽

從鋸子的正上方看，讓鋸子稍微傾斜的感覺緩慢拉動鋸子，沿著墨線作出直線的鋸槽。

5 進行裁切

鋸子鋸到材料內穩定後，將角度由外側改到內側，重複這個動作進行裁切。

在材料的四面放樣

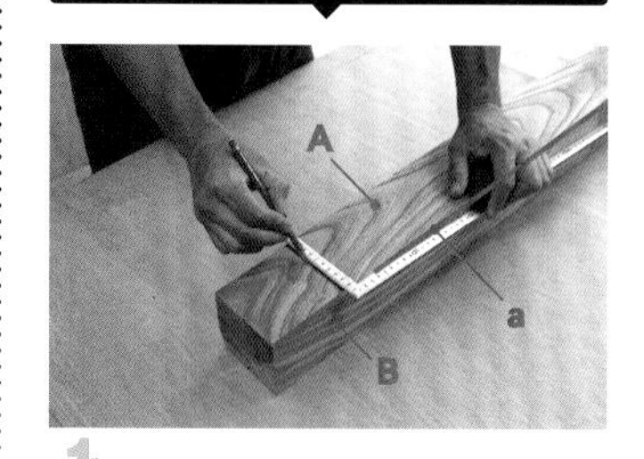

1 在A面拉墨線

在厚角材的四面放樣時，首先在a角上放直角尺，於A面拉墨線。

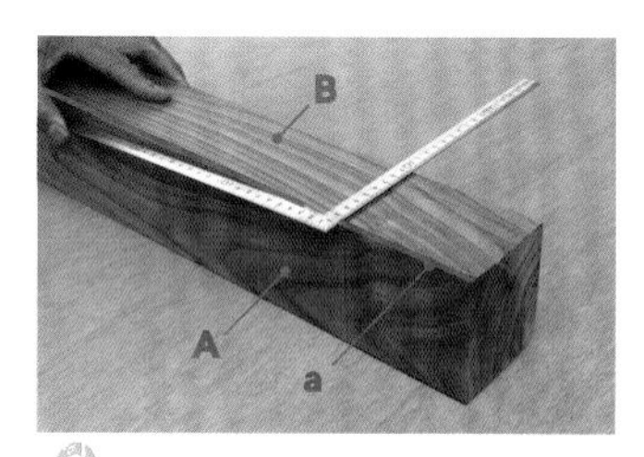

2 在B面拉墨線

接著，在a角的另一側放上直角尺長邊，在B面拉墨線。

3 在D面拉墨線

B面朝下放置，角c放上直角尺，連接A面的墨線畫線。

4 接上墨線

最後在角c放上直角尺，將D面和B面的墨線連接起來完成。

以圓鋸機裁切角度

1 對準導尺後裁切

在材料上裁切角度時，將自由定規尺調整成要裁切的角度後，對準材料，沿著自由定規尺裁切就可以。

2 整齊切斷

能夠以和自由定規尺相同的角度整齊裁切。沒有自由定規尺時，也可以釘上直線形的邊材，當作導尺。

該裁切墨線的哪個位置?

雖然墨線的精準度也會影響，但基本上是在墨線的正上方進行裁切。由於圓鋸的鋸刃厚度大約為1.5mm，也有考慮這部分的影響，從墨線外側裁切的狀況。

以圓鋸機裁切長直線

1 固定材料

在畫縱向的長直線時，由於材料容易滑動，在作業台作輔助固定的木板，從出力的方向確實抵住。

2 安裝平行導尺

在底板裝上平行導尺，圓鋸鋸刃對準墨線固定。

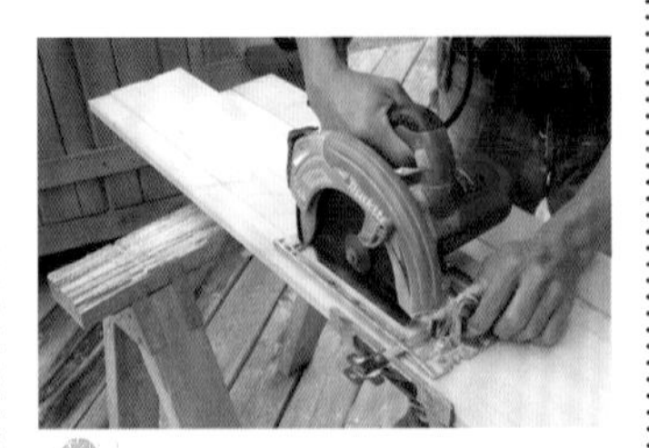

3 慢慢開始裁切

注意平行導尺不要離開材料，緩慢開始裁切。可以左手輔助，穩定圓鋸機的前側。

以圓鋸機裁切

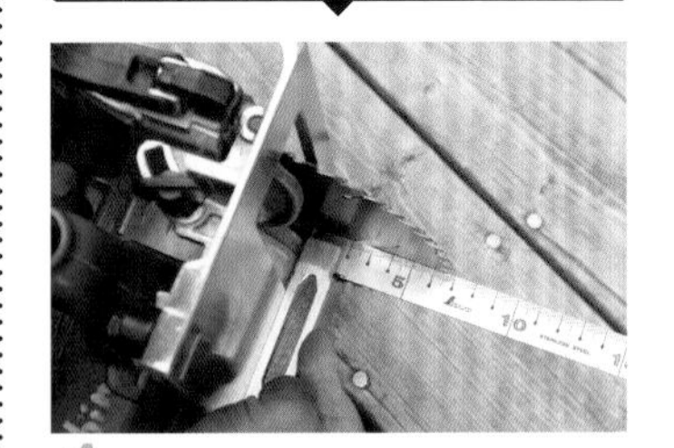

1 確認鋸刃的直角

以直角尺確認刀座與鋸刃呈直角。

2 調整鋸刃的長度

在裁切的材料放上圓鋸，依照材料厚度調整鋸刃長度。

3 對上導尺

墨線對合圓鋸，在底板對上圓鋸導尺。

4 開始裁切

注意圓鋸導尺不要離開底板，開始緩慢裁切。

以電鋸裁切曲線

1 固定材料

使用C型夾等工具固定材料。因為鋸刃會從材料背面伸出，所以將材料放在作業台的邊緣切割較好。

2 沿著曲線切割

弧度較窄的部分，或和木紋接近平行角度切割時，注意材料承重慢慢推動鋸刃。

3 仔細地裁切完成

切割曲線時快要偏離墨線時，稍微調回鋸刃就可以進行修正。習慣後就可以切出漂亮的曲線。

以電鋸裁切直線

1 對上導尺裁切

墨線對上鋸刃，沿著圓鋸導尺進行裁切。由於鋸刃是從下方伸出，裁切部分要懸空。

以電鋸裁切板材

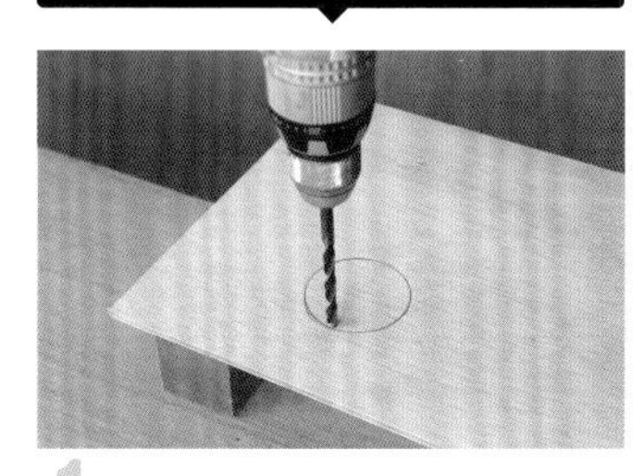

1 開孔

確實壓住材料固定，以電鑽裝上木工用鑽頭（8至10㎜），在墨線內側鑽孔，以使電鋸鋸刃能夠插入。

2 進行切割

於開孔插入電鋸鋸刃，沿著墨線進行切割。如果不容易裁切，就改變站立位置。

以圓鋸傾斜裁切

1 調整角度

圓鋸能以底板調整角度，一般可以傾斜裁切到45度。

2 對上導板裁切

切割前將底板放在材料上，調整鋸刃的長度，對上圓鋸導板後慢慢地裁切。

3 傾斜的裁切面

切割漂亮的傾斜裁切面。鋸子不容易作到的困難加工，使用電動工具就能輕鬆完成。

木材鑽洞

打釘子和螺絲時，先開下孔就不用擔心木材裂開。就算沒有電動工具，小孔使用手鑽也能完成。如果使用電動衝擊起子機或電鑽，大孔洞也能簡單作出。開孔時要注意避免留下毛邊。

以電鑽開孔

1 將材料固定

以電鑽開大孔時，由於衝擊力較大，為了不要讓材料滑動，要確實固定。鑽孔時電鑽要保持垂直。

2 開孔開到一半時

一邊從電鑽的前後左右確認是否垂直，一邊繼續鑽孔，電鑽的前端稍微從材料內鑽出時，先將電鑽拔出。

3 從背面鑽至貫穿

將材料翻到背面，將電動鑽前端對準小孔後貫穿。

4 開出漂亮的孔洞

多花一道功夫從兩側分別貫穿，就能減少毛邊，開出漂亮的孔洞。

在下方墊板預防毛邊

減少毛邊發生的另一種作法，是在材料下墊木板後，直接一口氣貫穿。確實壓住材料，以能和下方的木板緊密貼合不滑動。

在要開孔的材料下方放上要廢棄的木板，一邊確認電鑽是否為垂直一邊開孔。鑽到下方木板後就拔出電鑽。

右邊是墊著木板貫穿的開孔，左邊則是沒有墊木板一口氣貫穿的開孔，無法避免有毛邊發生。

以手鑽開下孔

1 標上記號

在開孔位置標上記號。釘子和螺絲的下孔，建議開在距離材料邊緣至少15㎜處。

2 以手鑽旋轉開孔

將手鑽前端對準記號位置，保持垂直，以雙手搓動旋轉開孔。下孔要開得比較小是基本要點。

接合木材

使用電動衝擊起子機打釘子，就能快速堅固地接合木材，失敗時可以簡單卸下也是優點之一。如果沒有電動工具，使用鐵鎚和釘子也能大展身手。為了美化外觀，使用造型釘也是個好主意。

以五金零件補強

1 標上記號

將材料對齊，放上固定零件，在要鎖螺絲的位置標上記號。先將材料以木工用接著劑暫時固定，就不容易鬆開。

2 開下孔

使用手鑽或下孔鑽，在標上記號的位置開下孔。下孔位置若有偏差，就沒有辦法正確安裝五金零件，所以開孔時要慎重。

3 鎖上螺絲固定

所有的螺絲先鬆鬆鎖入、暫時固定，確定位置有沒有偏掉後，再全部鎖緊。

以螺絲接合

1 壓住螺絲

開下孔部分和釘子一樣，開始鎖入時以手指將螺絲保持直立，使用電動衝擊起子機開始慢慢鎖入。

2 一口氣鎖上

螺絲呈直線鎖入後，提高迴轉速度一口氣鎖好。注意如果電動衝擊起子機傾斜，螺絲就會容易滑動。

3 埋入

將螺絲頭稍微埋入材料內完成，確實固定（如右側）。要注意不要讓材料裂開。

材料的厚度和釘子、螺絲的長度

釘子長度基本上建議為木板厚度的2.5至3倍。螺絲的接合力比釘子高，長度為板厚2倍以上即可。打入時確實對合，讓材料不要滑動，並將頂端埋入材料。

以釘子接合

1 開下孔

將要組合的材料正確對合，以手鑽或下孔鑽開下孔。

2 打釘子

在下孔插上釘子，以指頭固定輕輕敲打，釘子呈直線打入後，再一口氣打到底。

3 以圓頭錘面敲打

最後使用鐵錘的圓頭面，讓釘子稍微埋入材料內（如右側）。

上漆

上漆有兩個目的，一個是讓作品的完成度看起來更高，另一個就是避免腐蝕。屋外使用的菜園道具，藉著上漆可以提高耐久性。在此介紹能夠簡單營造像是已經使用多年氛圍的復古上漆法。

復古上漆法

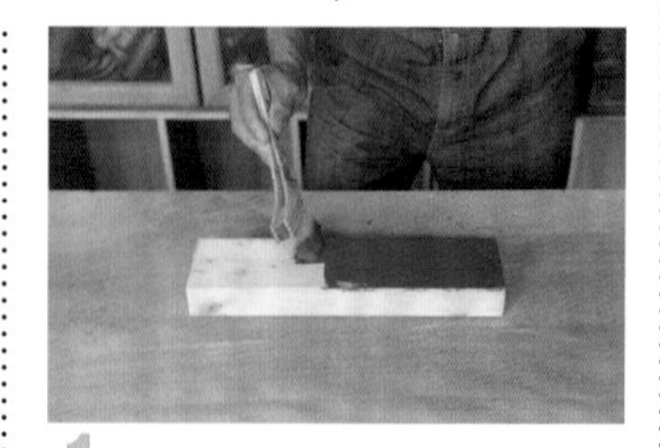

1 塗底色

塗上水性油漆，之後磨去重疊塗刷的油漆時會顯現出來。隨性塗上即可。

2 塗表層顏色

底色乾燥後，重疊塗上水性油漆。整體均勻塗上，直到遮住底色。

3 以砂紙打磨

油漆乾燥後，使用80號的粗砂紙打磨，到能看見打底面的顏色和下面的木材。.

4 塗護木油

整體以砂紙打磨後，以茶色的護木油整體薄塗。

5 擦去護木油

在護木油乾燥前以濕紙巾盡快擦掉，護木油滲入顯現出來的打底面，表現出風味。

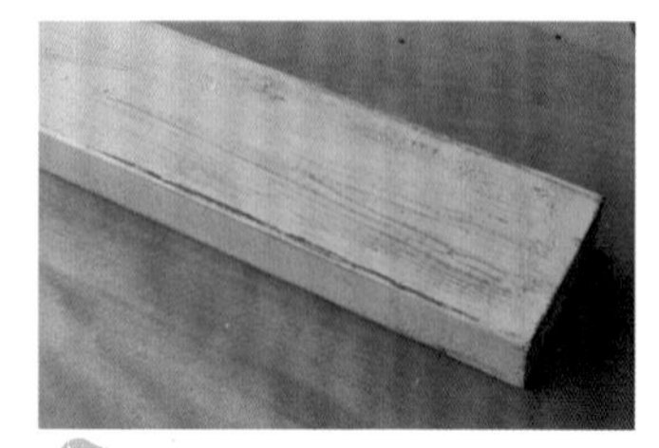

6 完成

最後再重疊塗上護木油，作出明亮的塗裝面，表現出使用多年的氛圍。

護木油和油漆

雖然有各式各樣的塗料，但最方便使用的是護木油和油漆。護木油的特點是會滲入木材，呈現木紋之美。油漆則是會形成不透明的塗膜，隱藏木紋。

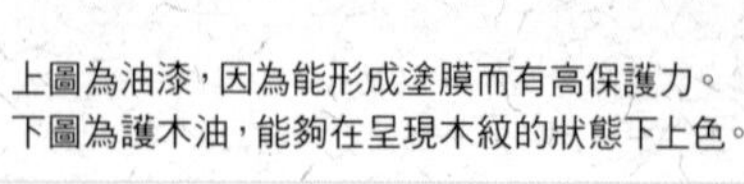

上圖為油漆，因為能形成塗膜而有高保護力。
下圖為護木油，能夠在呈現木紋的狀態下上色。

整理素面後上漆

1 整理打底面

上漆前以240號砂紙（上）和電動拋光機（下）研磨表面。

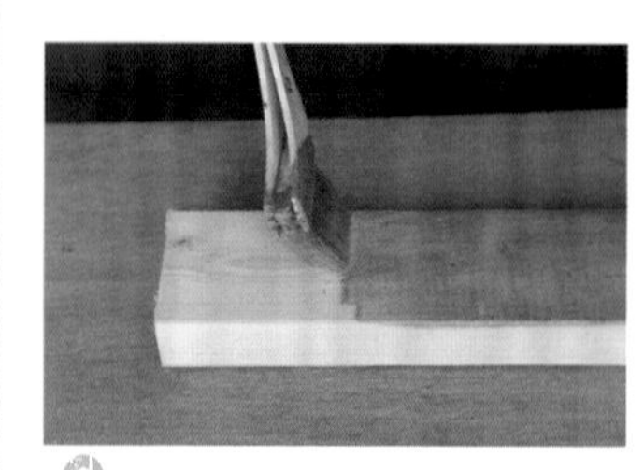

2 上漆

刷子沾滿塗料後，沿著木紋塗刷。乾燥後塗上第二層。

CHAPTER 3

一起來製作菜園用具吧！
－春＆夏－

正式開始播種和插秧的春天，
來準備番茄的支架和綠色隧道吧！

枕木&磚頭菜園的作法

使用水準器和直角尺，準確地測量高度和直角吧。
通道的寬度有60cm以上，會較容易通行。

● 設計圖（枕木菜園）

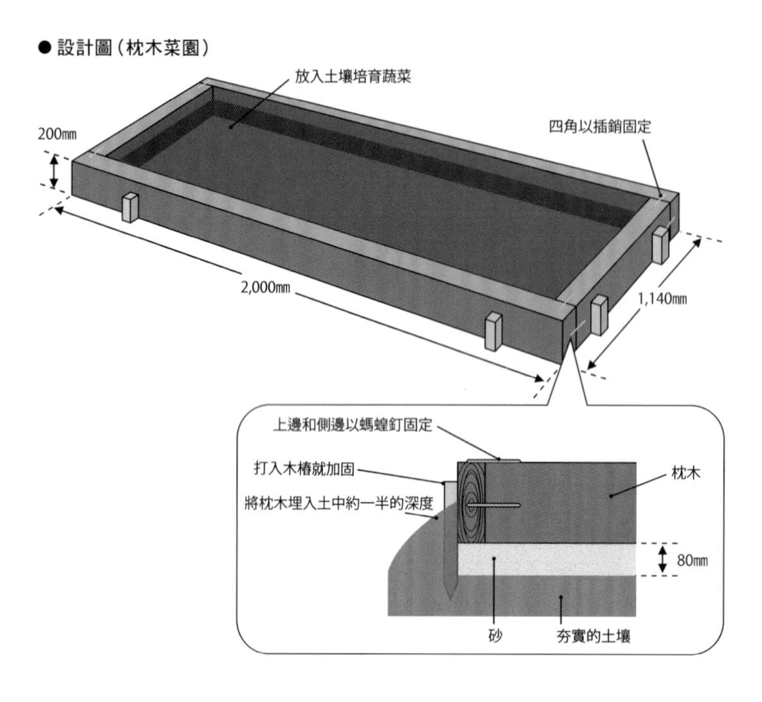

● 設計圖（磚頭菜園）

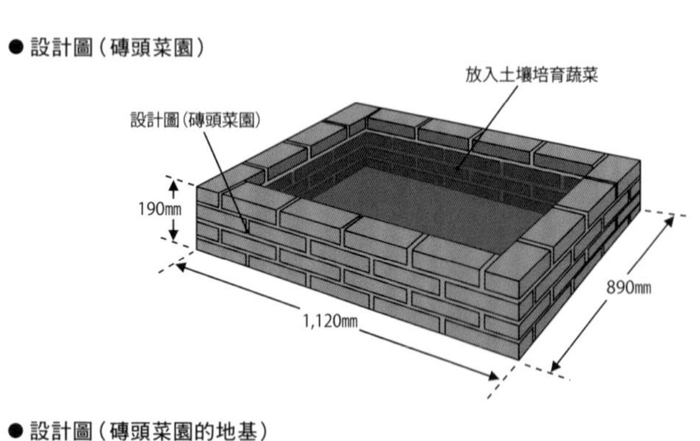

● 設計圖（磚頭菜園的地基）

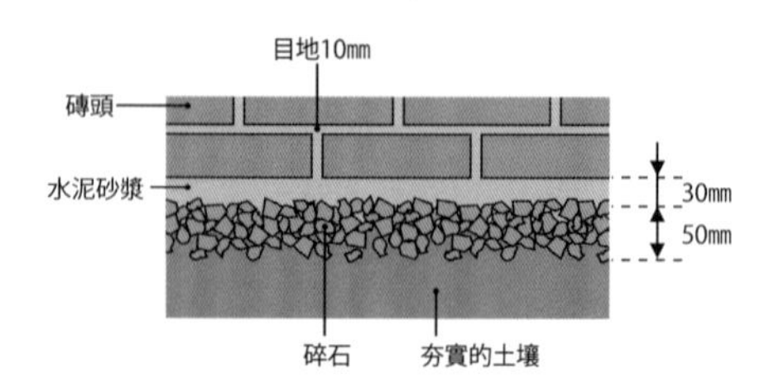

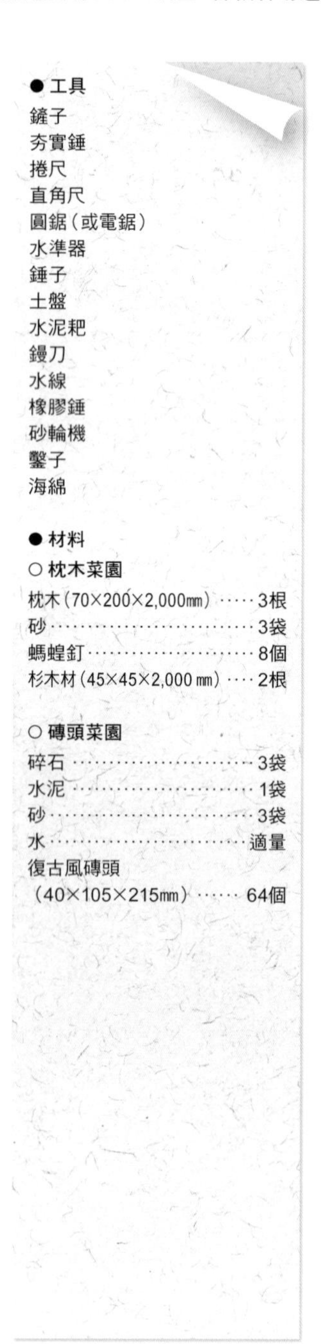

● 工具

鏟子
夯實錘
捲尺
直角尺
圓鋸（或電鋸）
水準器
錘子
土盤
水泥耙
鏝刀
水線
橡膠錘
砂輪機
鑿子
海綿

● 材料

○ 枕木菜園

枕木（70×200×2,000mm）……3根
砂……3袋
螞蝗釘……8個
杉木材（45×45×2,000 mm）……2根

○ 磚頭菜園

碎石……3袋
水泥……1袋
砂……3袋
水……適量
復古風磚頭
（40×105×215mm）……64個

製作枕木菜園

1 決定枕木放置範圍，以鏟子挖出寬150mm、深150mm的溝。

2 在溝內鋪上70至80mm厚的砂子，再以夯實錘夯固撫平。

3 使用捲尺和直角尺、圓鋸，將短邊用的枕木裁成1000mm長。如果使用的是有厚度的硬枕木，可以使用電鋸裁切。

4 放上枕木並確認水平，如果有傾斜則補上沙子調整。以直角尺檢查轉角是否垂直。

5 決定位置後，堆上砂和土，埋住大約一半的枕木，並確實壓固。

6 將杉木材裁成約300mm長，於枕木外側每邊分別在兩處打樁補強。樁木可以使用邊料。

7 將枕木四角以螞蝗釘固定，打在枕木的上面和側面。

8 放入混合堆肥的土壤，枕木菜園就完成了。作成從通路就可以整理全體的大小，管理起來會比較容易。

製作磚頭菜園的地基

9 在施工場所的四角打入垂直的杉木樁，以水準器測量水平，在4根木樁標上任意高度。

10 測量2個對角線的長度相同，就能以4根樁畫出漂亮的長方形。

11 在樁的內側挖出150㎜寬、100㎜深的溝，鋪上50㎜厚的碎石夯實。

12 磚頭先以水浸濕，能在抹水泥堆疊時提高黏著力。

堆疊磚頭

13 在土盤放入比例1:3的水泥和沙，加入適當的水後攪拌，以水泥耙拌合至約耳垂般的柔軟度。

14 在碎石上塗上20至30cm厚的水泥砂漿，以鏝刀撫平整。

15 以方才在木樁上所標示的任意高度為基準，在第一層磚頭的上方拉水線，排列磚頭。

16 沿著水線一邊確認水平一邊排列磚頭，高度則以橡膠錘敲打調整。

17 第一段排完後，磚縫以水泥砂漿填塞。縫寬約10mm，在疊放磚頭時夾上木片以保持一致。

18 在第一層磚頭上塗上水泥砂漿，水線則移動到第二段上方。

19 和第一層相同，沿著水線排列第二層磚頭。排列時將第二層的磚縫與第一層錯開。

20 排完第四層後，調整磚縫。磚縫如果有水泥砂漿較少的地方，就在這個時候補上。

21 溢出的水泥砂漿，則在凝固前以沾水海綿擦掉。

22 靜置一天以上，待水泥砂漿完全乾燥後，將混了堆肥的土壤放入即完成。

如何裁切磚頭

磚頭以裝有專用磨刀石或鑽石切割片的砂輪機切出割痕，再以鑿子於割痕處以錘子敲打就能輕鬆裁開。

在裁切位置彈墨線，四面以砂輪機切上淺淺的割痕。

在割痕上放置鑿子，以錘子輕敲，就會沿著割痕裂開。

DIY DATA

難易度／★
製作費／0日圓
製作時間／1至2小時
尺寸／φ約2,000×H約1,000㎜

螺旋山上藏有許多祕密
螺旋香草花園

在小空間孕育出多彩的環境

螺旋香草花園，是種有數種香草的漩渦狀小山。活用山的高低差，以及因方向不同而產生的土壤乾濕度及日照差異，將數種香草配合特性種在適當的位置，能促進生長發育。小山較高處容易乾燥，低處則濕氣多，因此將適應乾燥環境的迷迭香種在山上，無法適應乾燥的薄荷和荷蘭芹則種在山腳，喜歡光照的羅勒種在南邊，奧勒岡等耐陰的香草則種在北側陰影下。

小山的直徑約2m，高約1m，由石塊堆積作成。作為菜園設計，放上一座這樣的小山應該很有趣。

在螺旋小山種上荷蘭芹的苗，跟前看到的是羅勒。

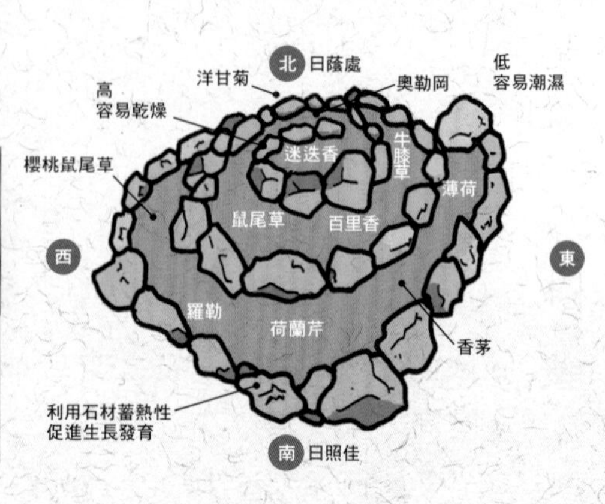

以薄荷泡的冰薄荷茶，清爽的味道滋潤了乾燥的喉嚨。

螺旋香草花園的作法

螺旋山是以石材堆積而成，石頭能夠蓄熱，有提高地溫的效果。
如果沒有適合的石頭，利用圓木製作也可以喔！

1 劃出直徑2m左右大小的範圍，將外周出溝槽，盡量呈圓形。深度為石材可以埋入1／3左右。

2 盡可能不留空隙地排列石材，圓的內部堆上混合堆肥的土壤成小山狀。

3 在排成圓形的石材周圍塞入土壤，以棒子將土壤壓實到石材不會移動的穩固定。圓形內側的土壤則輕輕撫平。

4 完成第一層。為了要作成螺旋山形，不要將石頭圍成完整的圓形，而是把第一層最後的石頭，放入圓形內側較高的地方。

5 繼續以石頭堆出螺旋山。由於越高處堆石材就越辛苦，靠上面的石頭挑選輕一些的。

6 石材堆疊完成後，放入混合堆肥的土。將石頭周圍確實穩固，不要讓山頭崩塌，最後撫平土壤表面。

7 依照東西南北的日曬程度，和山頭高低的乾濕度差異，種植適合的香草，每株間距離30至40cm。

8 圖為小苗種植2個月後的螺旋香草花園，茂盛到看不見表土，開著小花也很可愛。

番茄塔&綠色隧道的作法

竹子是製作夏季蔬菜支架最適合的素材。使用直徑30至40㎜，彈力佳的竹子較容易處理。以柴刀或鋸子將竹子砍成需要的長度，並以植木剪處理枝葉。

● 設計圖

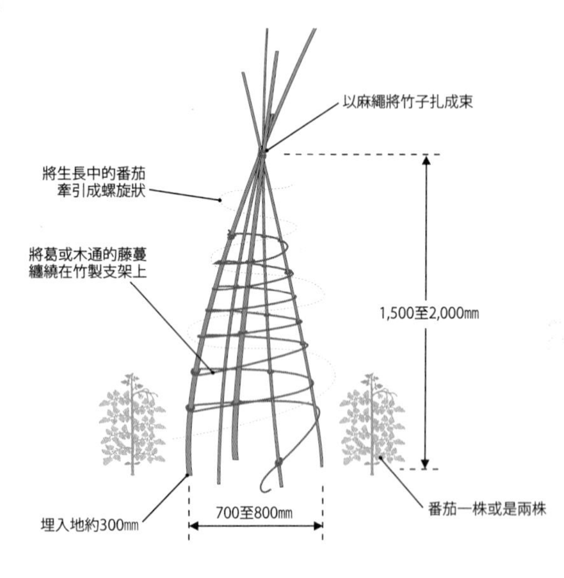

【番茄塔】

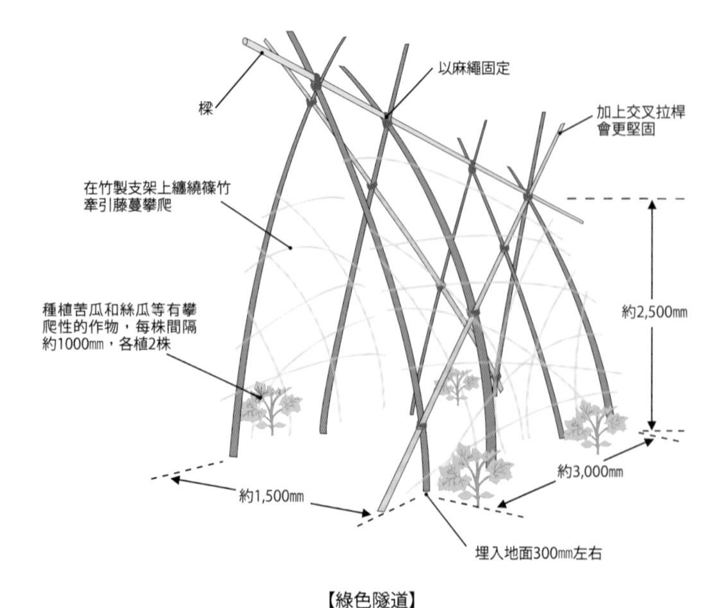

【綠色隧道】

● 工具

柴刀
鋸子
植木剪

● 材料

○ 番茄塔

竹（φ30至40㎜、L2,000至3,0 00㎜）………………… 5至6支
葛或木通的藤蔓………適量
麻繩……………………適量

○ 綠色隧道

竹（φ30至40㎜、L3,000至4,0 00㎜）…………………… 11支
篠竹……………………適量
麻繩……………………適量

製作綠色隧道

1 在1500㎜寬的通道左右側，以約1000㎜的間隔分別排上4支竹子。竹子的頂端交叉。

2 竹子交叉完成後，放上作為樑的竹子，以麻繩打結。側面綁上交叉拉桿。

3 將篠竹纏上竹子，利用篠竹的反彈力就能順利進行。

4 完成。夏天苦瓜或絲瓜的藤蔓攀爬纏繞，綠葉茂密，就成了被綠意覆蓋的隧道。

製作番茄塔

1 立5至6根竹子，作成底面直徑700至800㎜的圓錐狀。

2 於距離地面1500至2000㎜的高度，以麻繩將竹子紮成一束。

3 將葛或木通的藤蔓纏上竹子。藤蔓事先以水浸泡軟化。

4 番茄塔完成！種上1至2株番茄，使主枝幹纏繞在竹子及藤蔓上生長。

DIY DATA

難易度／★★
製作費／1,000至5,000日圓上下
製作時間／1天
尺寸／約2,000×2,000㎜

挑戰在菜園種稻！庭院裡的一坪水田

能夠種出7碗量的米

搬到鄉下後，我一直妄想著能夠自給自足，以半遊玩的心態，只要是能作的事情都試著作作看，既種了菜也蓋了小屋，都相當愉快。所以這次想試著種種看稻米，雖然這麼說，也不是正式的田地，而是開墾了一坪左右的小水田。

水田動工是在我搬到鄉下第三年的5月大型連假，找了朋友們來幫忙。由於挖洞是非常辛苦的土木作業，有人可以幫忙就太好了。孩子們滿身泥地幫忙耙地，也幫忙插了秧。

之後稻米也還算順利地種了起來，9月收割後精製成米，完成了7碗左右的白米。

將收割的稻子脫殼。以磨缽脫殼後，扇子搧風吹掉稻殼。

8月稻子的狀況。稻子開始結穗，也有已經低垂的稻穗，離收割還有一個月。

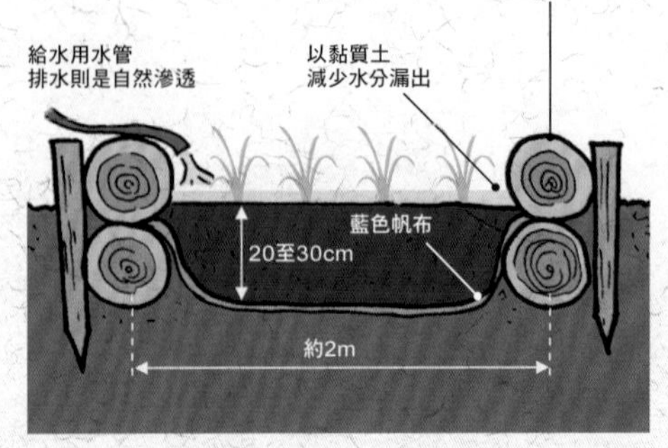

庭院裡的一坪水田作法

這次製作的水田，是使用疏伐材的圓木圍起，

不過使用一般板材也OK。水田中填入20至30cm高的土壤。

1 考慮給水和排水的方便，決定水田的位置，以鏟子挖約30cm深的方坑。由於挖出來的土要回填，先集中一區放置。

2 排列疏伐材框出水田，在圓木的外側打樁備用。也可以使用2×10板材等有厚度的板材代替圓木。

3 在第一層圓木周圍填土，固定至不會搖晃，接著堆上第二層的圓木，同樣以土壤固定。

4 一般的水田會以較細的泥土塗在邊界防止漏水，但由於菜園不容易這樣施作，便鋪上藍色防水帆布代替。

5 將挖出來的土混入堆肥，回填到鋪了藍色防水帆布的水田。直到稻米收割，所使用的肥料，只有土壤所混入的堆肥而已。

6 從水源的水龍頭拉管線至水田放水。藍色防水帆布無法完全防止漏水，漏出一些也沒關係。

7 將土壤和水確實翻耙，若水不夠就再添加。最後以耙子等工具將表面整平。

8 耙地後等上一天，待田地土壤穩定後再插秧。稻苗是從附近農家分來的，苗種保持一定間隔，一邊後退一邊插秧。

9 插秧完成。每天觀察，水減少時加水。35至40天後一次將水排掉，放置兩個禮拜讓田地乾燥就可以。9月便可收割。

集雨器的作法 6月

雨水過濾器安裝的位置很重要。
請裝在比儲存槽的取水口高，比蓋子低的位置。

● 安裝圖

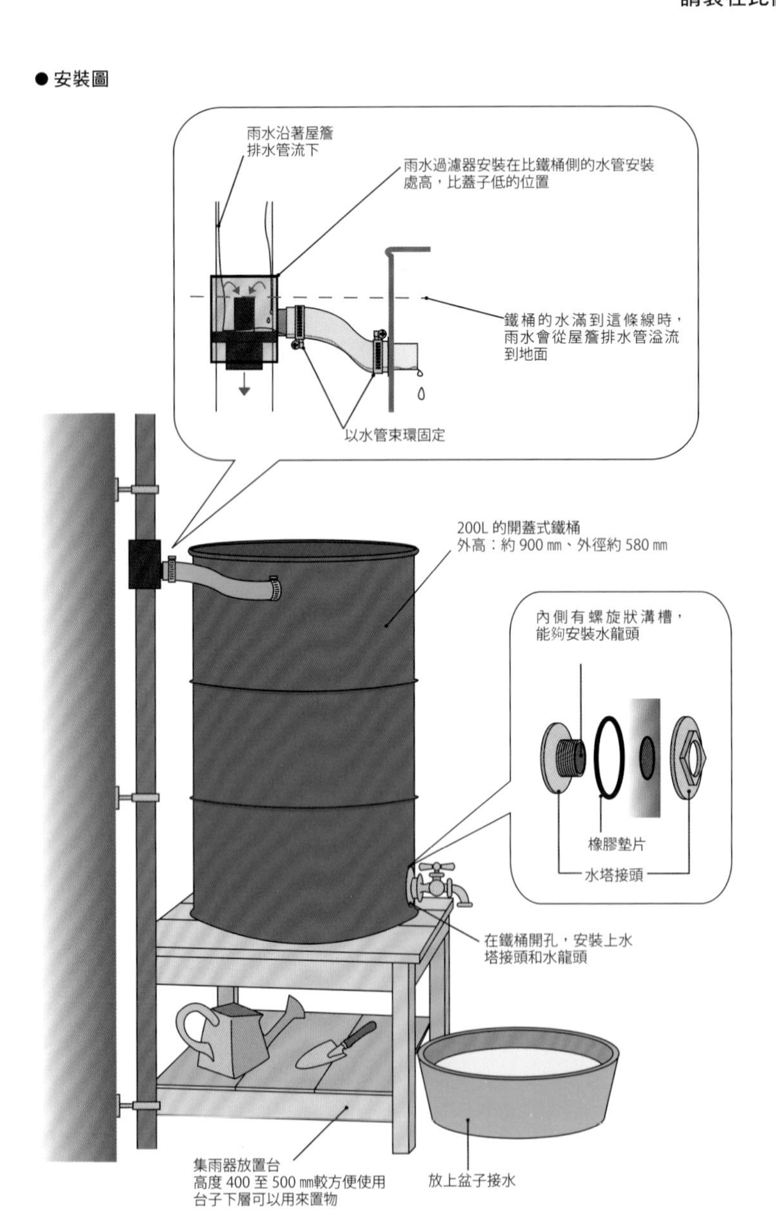

● 工具

電鑽
鐵工用鑽頭（6mm）
電鋸
銼刀
扳手
捲尺
鋸子
螺絲起子

● 材料

鐵桶（參照下圖）……………1個
橡膠墊片
（安裝水塔接頭用）…………1個
橡膠墊片
（塑膠水管接頭用）…………1個
水塔接頭…1個
＊使用三榮水栓製作所的 H35-13型號
填縫劑…………………………適量
水龍頭…………………………1個
止洩帶…………………………適量
塑膠水管接頭…………………1個
＊使用一般水管配管材料
雨水過濾器…1個
水管（50至60cm）…………1根
水管束環………………………2個

安裝水龍頭

1 在距離鐵桶底部50㎜左右的位置，標上水塔接頭的安裝位置。

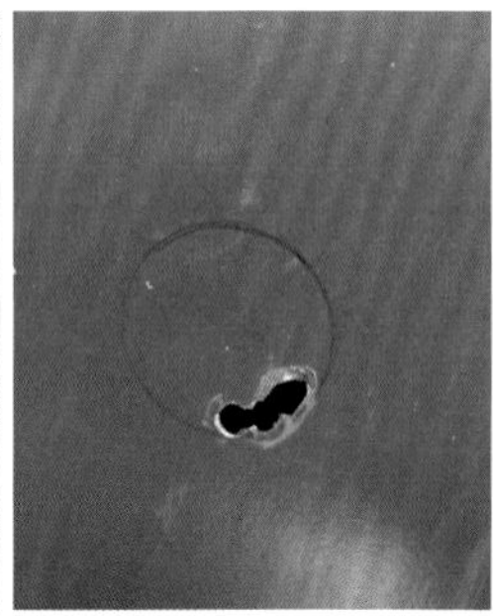

2 在步驟1的記號處，以裝上鐵工用鑽頭的電鑽，開出可以插入電鋸鋸刃的孔。

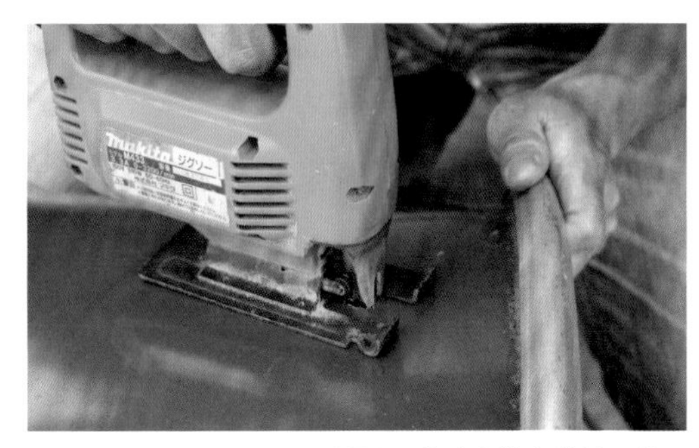

3 以裝有鐵工用鋸刃的電鋸，裁出安裝水塔接頭的開孔。

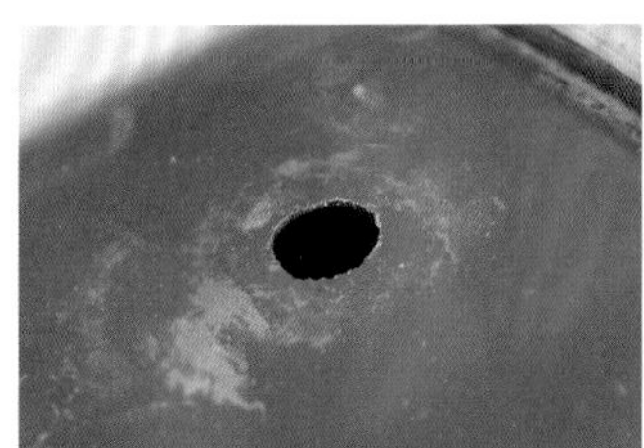

4 將孔開得稍微小一點，一邊比對水塔接頭，以銼刀調整大小即可。

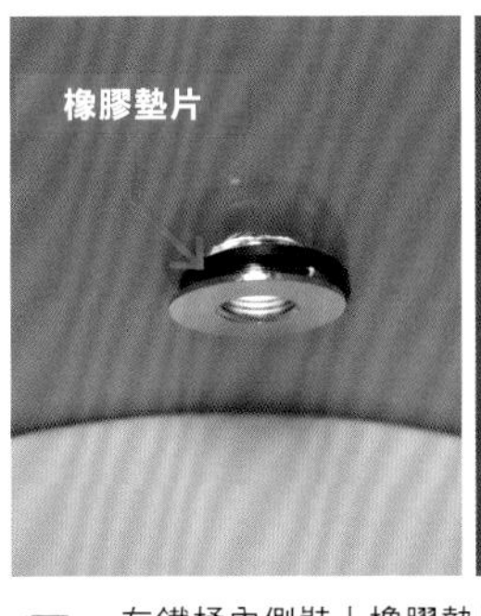

5 在鐵桶內側裝上橡膠墊片和水塔接頭的公頭，再從外側裝上母頭，以板手確實鎖固。

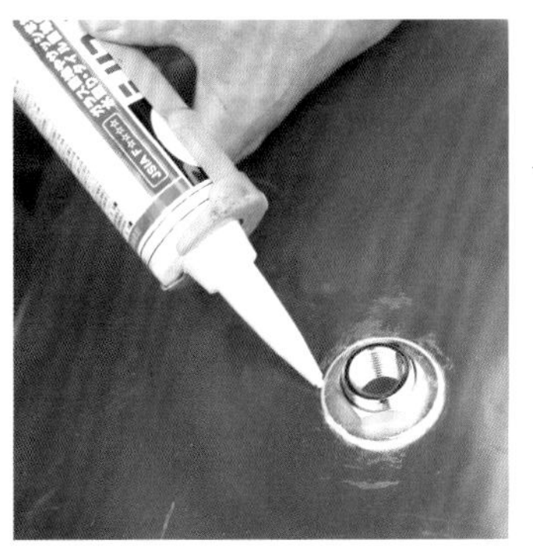

7 為了防止漏水，水塔接頭周圍要塗上填縫劑。

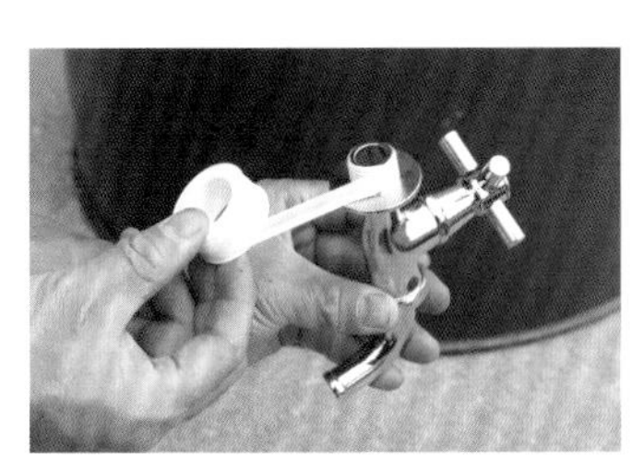

7 水龍頭的螺紋部分，順時鐘纏上止洩帶，繞5至6圈。

8 將纏了止洩帶的水龍頭接在水塔接頭上即可。

安裝取水口

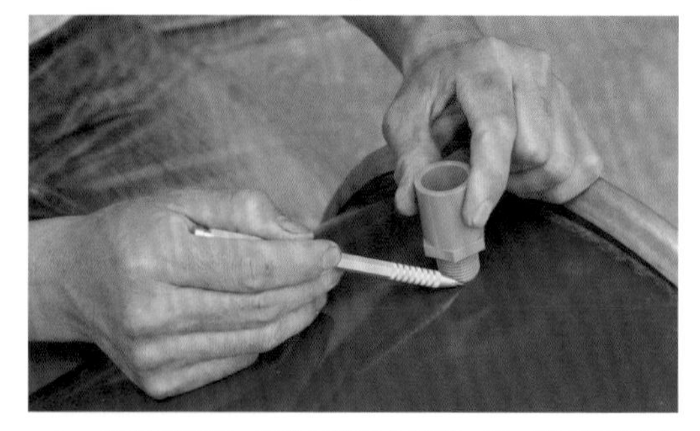

9 設置鐵桶時，在靠屋簷排水管那一面，標示要安裝塑膠水管接頭的位置。

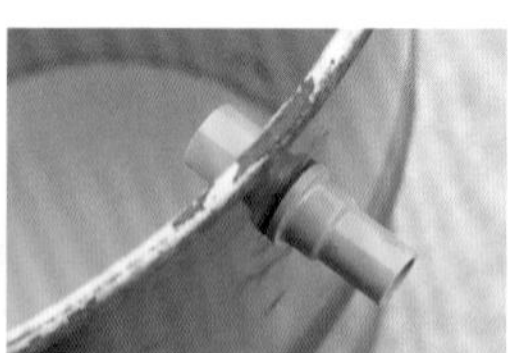

10 步驟9的標記以和步驟2‧3相同的方法開孔，塞入裝好橡膠墊片的塑膠水管接頭。

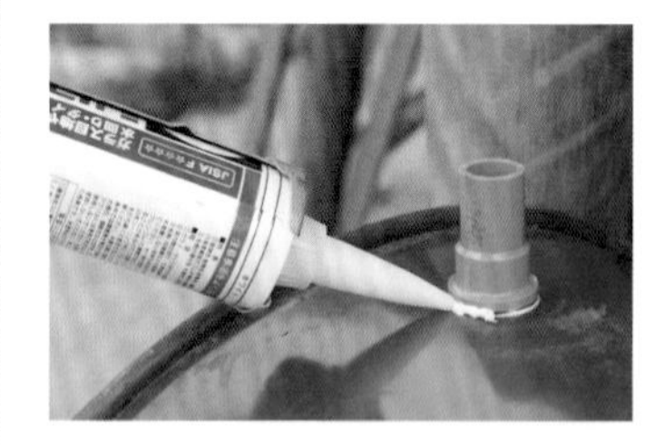

11 在塑膠水管接頭的外頭塗上填縫劑，防止漏水。

12 暫時放上鐵桶，在屋簷排水管上標出要安裝雨水過濾器的位置。以捲尺確認位置比取水口高、比蓋子低。

13 切割屋簷排水管。塑膠製的排水管能以鋸子切割，若是金屬製的，則使用金屬裁切鋸。

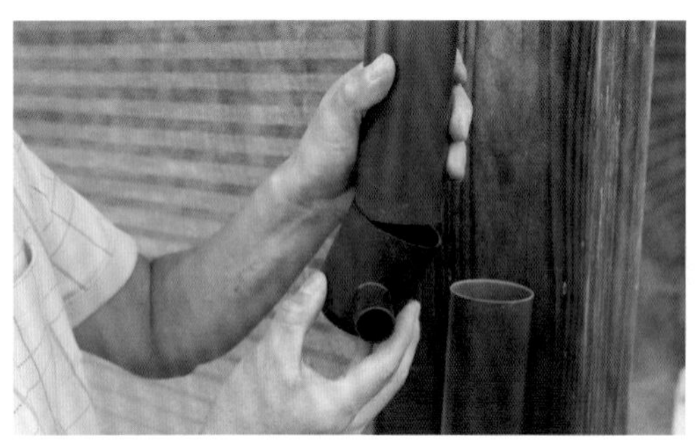

14 在切斷的上下排水管間夾入雨水過濾器。

15 將雨水過濾器和鐵桶的塑膠水管接頭以水管連接，使用電動起子安裝水管束環固定。

16 試著從屋簷排水管放水，確認可以流入鐵桶，就完成了。

製作放置台

來作放置集雨器的台子吧！
塗上油漆以防止潮濕造成的腐蝕。

● 材料

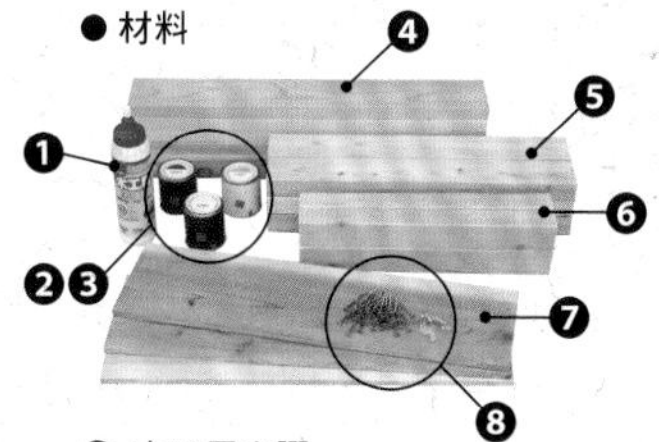

❶ 木工用白膠
❷ 水性油漆（藍和白保護漆）
❸ 護木油（茶色）
❹ 桌面板（27×105×700mm）…6片
❺ 撐板（30×75×550mm）……6片
❻ 桌腳（45×55×450mm）……4片
❼ 底板（15×180×640mm）……3片
❽ 螺絲…………………………適量

● 安裝圖

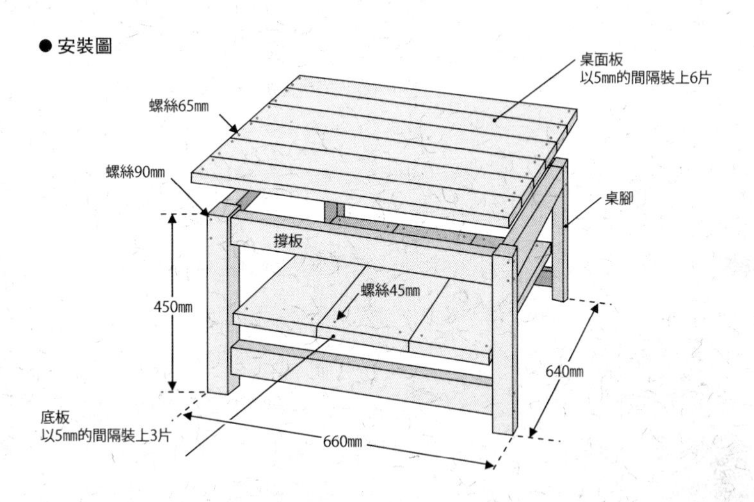

1 將撐板和桌腳對接，以90mm的螺絲固定。可以使用直角尺確認是否為直角。底板以5mm的間隔安裝在下側的撐板上，螺絲為45mm。

2 將桌面板和底板呈垂直交錯，以約5mm間隔安裝。作出間隙是為了讓水不要積在桌面和底板。使用65mm螺絲。

3 以水性油漆整體塗裝。塗上藍色厚疊上白色，再以砂紙研磨，表現出斑駁感，最後塗上茶色護木油後，以濕紙巾擦掉。

4 完成復古風格的集雨器放置台。藉著塗裝保護漆降低木材腐蝕的速度，並在撐板裝上樹枝作的掛鈎。

DIY DATA

難易度／★

製作費／3,000日圓上下（水桶和花盆廢物利用）

製作時間／半天

尺寸／W320×D320×H300㎜（白鐵水桶的水耕栽培容器）

陽台菜園也適合 廢物利用的 水耕栽培容器

沒有土也能培育蔬菜

蔬菜只要備齊養分、水、適當氣溫及光的環境，就算沒有土壤也可以栽培，水耕栽培就是實踐了這樣的特性。我因為有興趣，就也試著水耕蔬菜，使用的容器則利用廢品製作。

解說水耕栽培的書籍，大多是使用保特瓶和百元商品，但這類容器外觀看起來較不起眼。就算同樣是廢物利用，我也想要更表現出風情，所以利用棄置在庭院的白鐵水桶和花盆製作，而透明的瓶子可以看到根部也很有趣。利用水苔支撐枝梗，在表面鋪上輕石，以空氣馬達將氧氣送到根部促進生長。

● 材料（分別準備適量）

❶園藝用水苔
❷液體肥料
❸各種水桶
❹花盆
❺空氣馬達
❻氣泡石
❼分接頭
❽水管
❾塗料
❿輕石

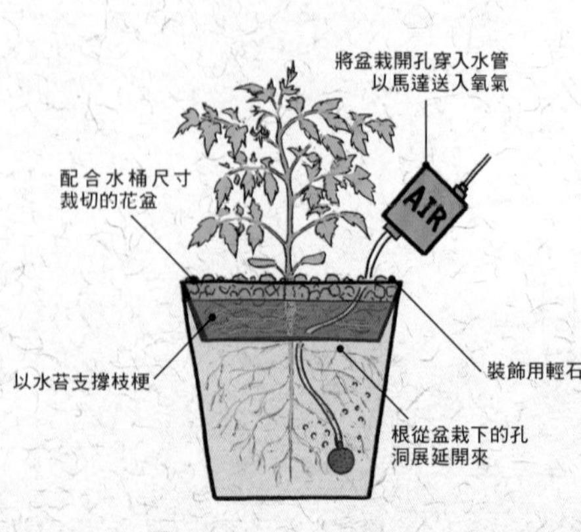

水耕栽培容器的作法

材料皆為自家有的物品。
可選用適合水桶和罐子大小的花盆，也可以利用空瓶。

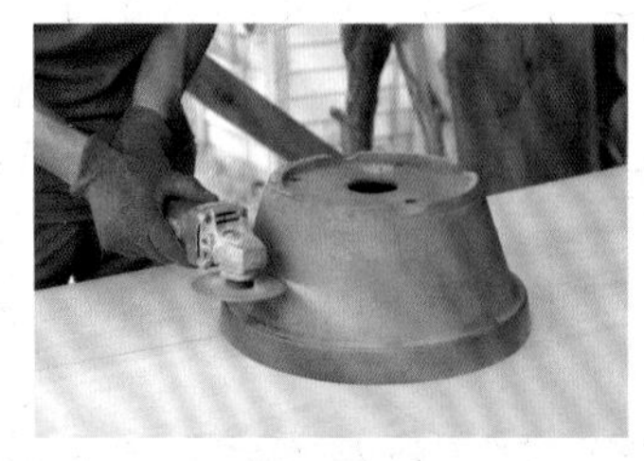

1 以砂輪機將盆栽裁切成適合水桶開口的尺寸。也可以線鋸切割。

2 放上與水桶和罐口大小相合的花盆，蔬菜的根便能穿過盆底的開孔，在水桶所裝滿的溶液中生長。

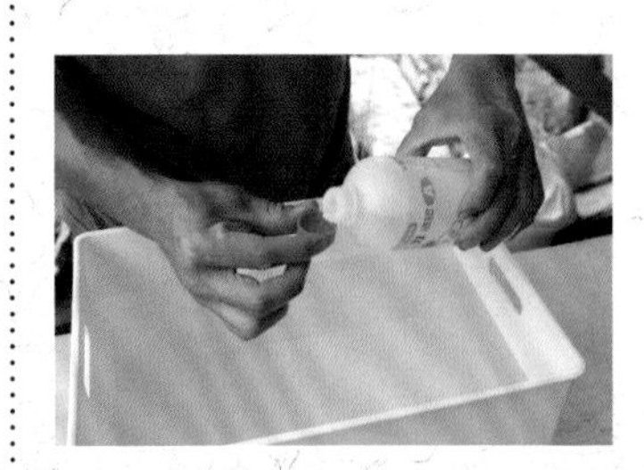

3 將水耕栽培用的液體肥料溶於產品建議的水量稀釋，並裝滿水桶，作為蔬菜的養分來源。

4 苗種挑選了迷你番茄，將附著在根部的泥土清乾淨再移植，水洗時不要扯斷根部，仔細清洗。

5 苗種根部會從花盆開孔伸出，以水苔支撐。將乾燥狀態的水苔浸水，撥鬆後使用。

6 在水苔上鋪上輕石裝飾。

7 為了將氧氣送到根部，將前端接了氣泡石的水管穿過盆底的開孔，插入溶液中。

8 使用分接頭，將一個空器馬達的氧氣分送至三個容器。這些工具皆為水族養殖所使用。

9 排放在同樣是廢物利用的栽培台上就完成了。若溶液減少就補充，即使不太有減少，也需要一個月一次將所有液體換掉。水桶塗上油漆也別有趣味。

燒杉栽培容器的作法

這一款有著獨特風格的栽培容器，能輕鬆完成喔！
側板的切口需要傾斜裁切，先利用邊材練習後再正式進行吧。

● 設計圖

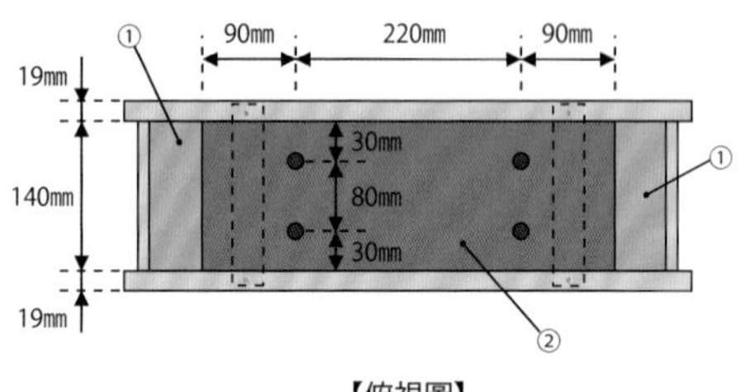

【俯視圖】

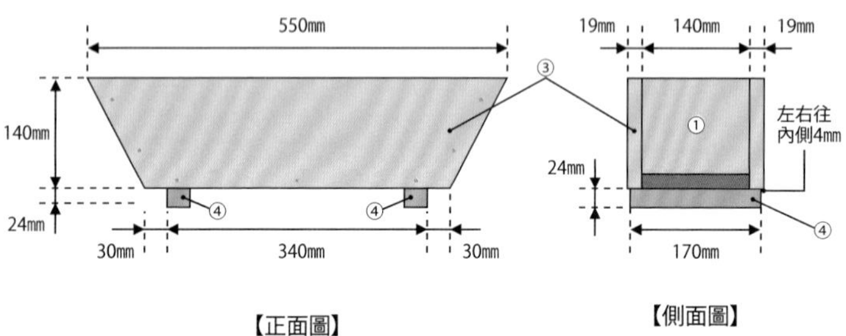

【正面圖】

【側面圖】

● 工具

直角尺
圓鋸（或鋸子）
圓鋸導尺
鐵鎚
電動衝擊起子機
電鑽
下孔鑽頭
木工用鑽頭（15mm）
銅刷

● 材料

SPF1×6材（6英呎）…………1根
杉橫木（24×30×1,000mm）…1根
銅釘（45mm）……………………適量
木工用螺絲（40mm）…………適量

● 木材裁切圖

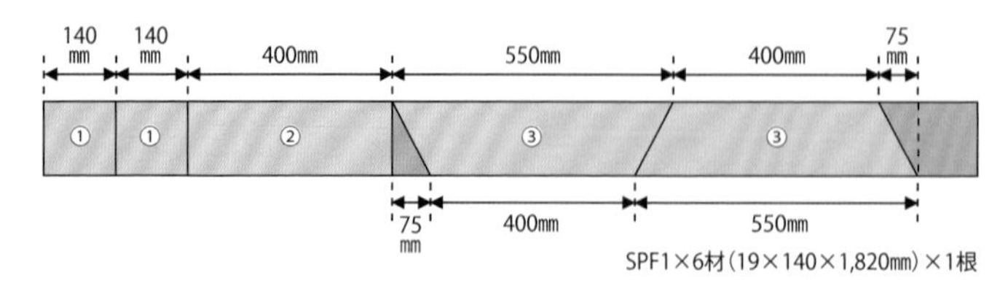

SPF1×6材（19×140×1,820mm）×1根

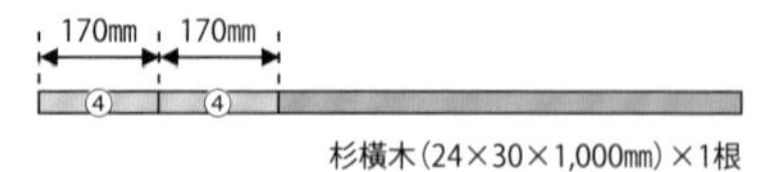

杉橫木（24×30×1,000mm）×1根

排水孔和防腐處理

5 在電鑽裝上木工用鑽頭（15mm），在底板②四個地方開排水孔。開孔位置參照P.058頁的設計圖。

6 將表面整體以噴槍烤過。除了有減緩腐蝕的效果之外，也能增添質感。

7 以銅刷刷磨焦黑的表面可磨去木頭柔軟的部分，木紋就會浮出。

8 完成！栽培容器的內側不以銅刷處理，保持焦黑，防腐效果較好。

組合

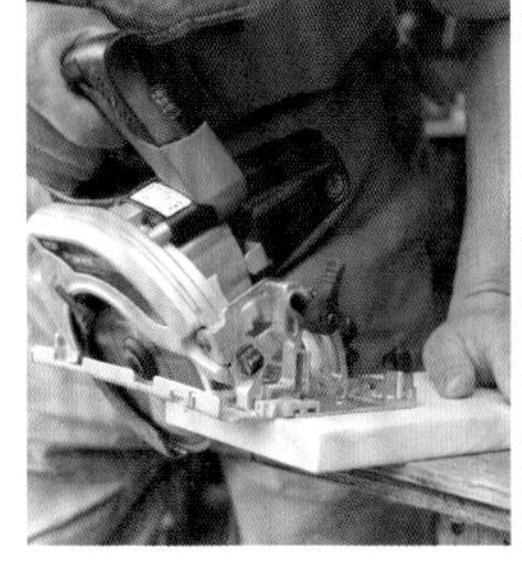

1 參照P.058的木材裁切圖，以直角尺在1×6材標上切割位置。將圓鋸機鋸刃調整成30度，使用圓鋸導尺傾斜裁切側板①的切口。

2 將底板②、前板③及背板③以銅釘接合。使用的釘長為45mm，以下孔鑽頭開孔後打入釘子。

3 將傾斜裁切的側板①切口和底板②對合，在前板③及背板③打上銅釘固定。

4 在底板②的背面，於距離左右兩邊30mm內側，以電動衝擊起子和40mm的螺絲固定盆腳④。

三格栽培容器的作法

能夠一次栽培三種作物的栽培容器。
板材以修邊機刻出溝槽接合，就不容易偏斜。

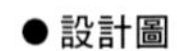

● 設計圖

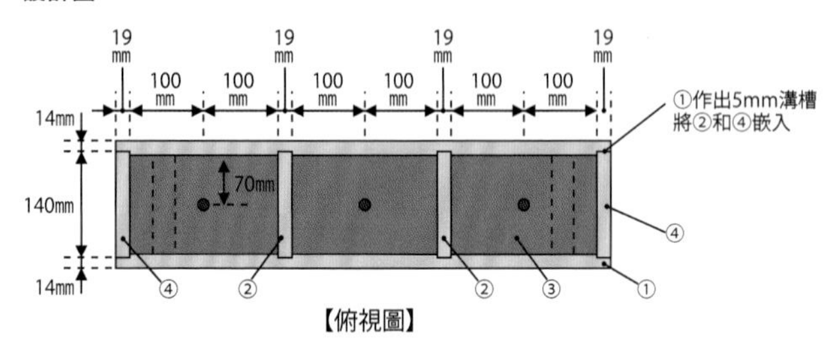

【俯視圖】

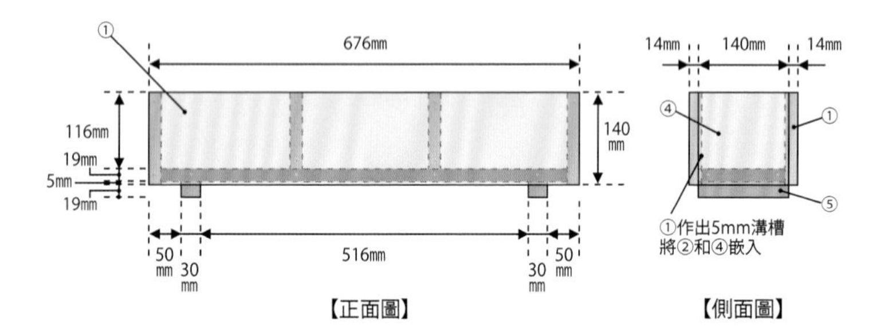

【正面圖】 【側面圖】

● 木材裁切圖

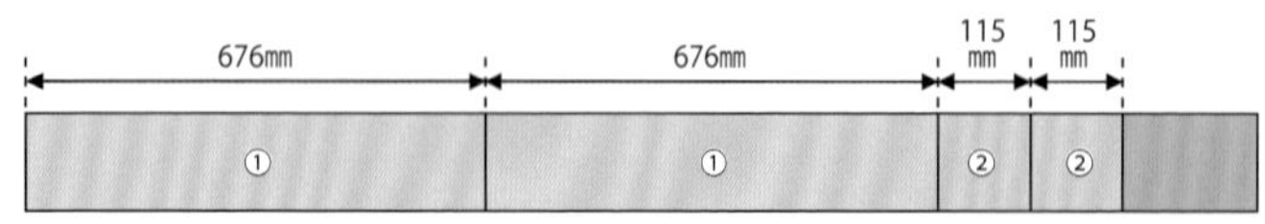

SPF1×6材（19×140×1,820mm）×1根

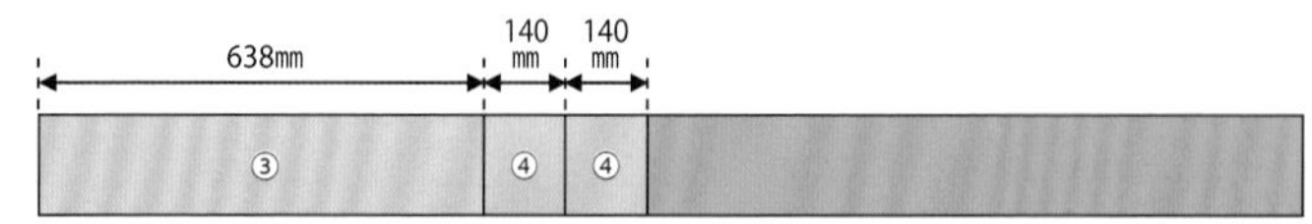

SPF1×6材（19×140×1,820mm）×1根

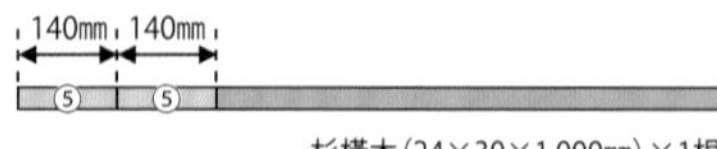

杉橫木（24×30×1,000mm）×1根

● 工具

直角尺
捲尺
圓鋸（或鋸子）
圓鋸導尺
修邊機
電鑽
木工用鑽頭（15mm）
電動衝擊起子機
拋光機
刷子
金屬剪刀

● 材料

SPF1×6材（6英呎）…………2根
杉橫木（24×30×1,000mm）…1根
薄金屬板（60×140mm左右的邊材，從浪板或鋁罐裁出）………4片
螺絲（40mm）……………………適量
細牙螺絲（45mm）……………適量
釘子（19、45mm）……………適量
木材保護塗料

組合

1 參照P.060的木材裁切圖，使用直角尺和捲尺、圓鋸、圓鋸導尺裁切材料。前板①和背板①以修邊機刻安裝出隔板②、底板③和側板④的溝槽，深5㎜。

2 在電鑽裝上木工用鑽頭（15㎜），在底板開3處排水孔。

3 在前板①和背板①所刻的溝槽嵌入底板③和側板④，以45㎜的細牙螺絲固定。

4 在前板①和背板①刻的溝槽嵌入隔板②，再以45㎜的細牙螺絲和釘子從側面固定，使整體變得堅固。

塗裝和邊角裝飾

5 在左右端距離50㎜的位置，使用40㎜長的螺絲接合盆腳⑤。

6 整體稍微以拋光機拋光，整理打底面，塗上兩層木材保護塗料。

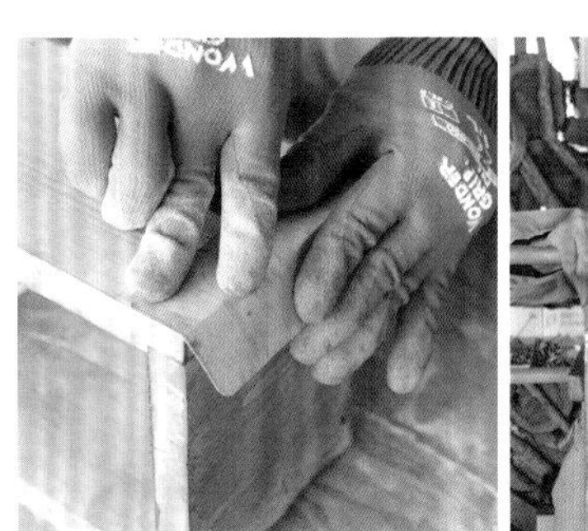

7 浪板以金屬剪刀裁成60×140㎜，配合栽培容器的邊角彎折，以19㎜的釘子固定。

8 轉角處以浪板作裝飾，鎖緊。浪板可以金屬剪刀裁成圓角。

栽培台的作法 7月

將地板條排列般製作的三層栽培台。
盡可能不浪費SPF木材地裁切製作。

● 設計圖

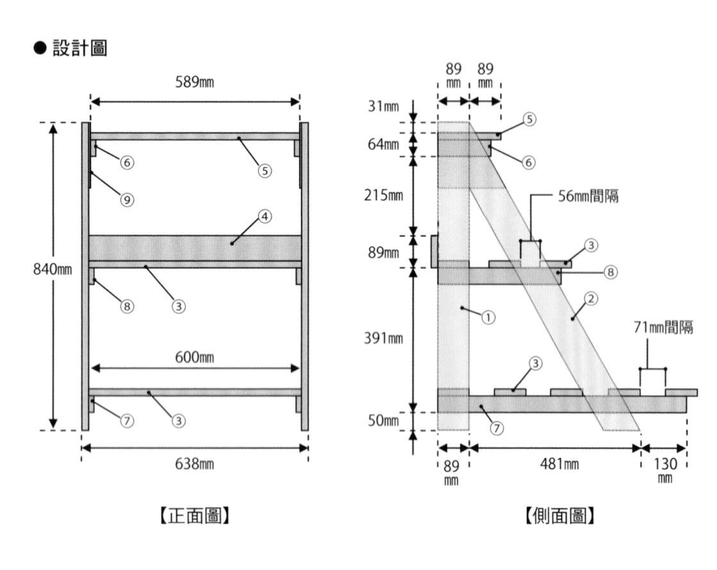

● 木材裁切圖

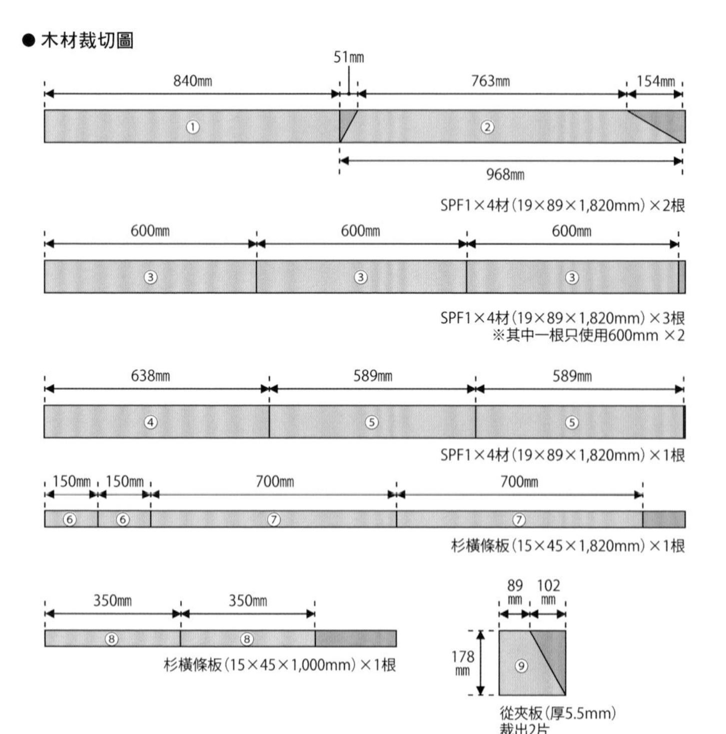

● 工具

工具
直角尺
圓鋸
圓鋸導尺
電動衝擊起子機
拋光機
刷子

● 材料

SPF1×4材(6英呎)…6根
杉橫條板(15×45×1,820mm)……1根
杉橫條板(15×45×1,000mm)……1根
夾板(5.5×200×200mm的邊材)……2片
木材保護塗料…適量
細牙螺絲(23、30、40mm)……適量

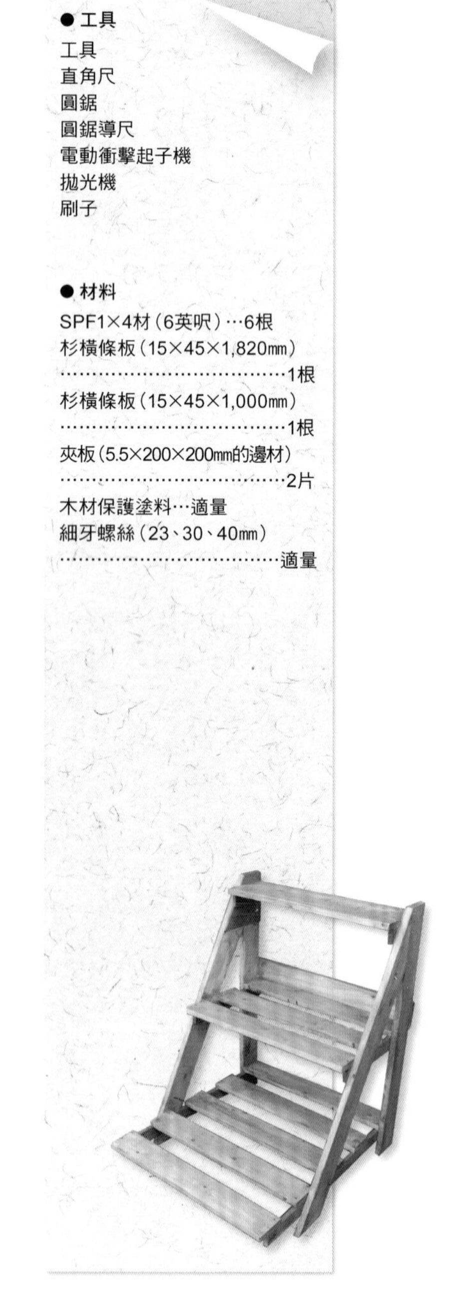

組合

1 依P.062裁切圖，使用直角尺、圓鋸、圓鋸導尺裁切材料。從1×4材切出的①和②對接，疊上合板裁下的⑨，以電動衝擊起子和23㎜細牙螺絲固定。

2 在左右腳的內側以30㎜細牙螺絲裝上層架⑥⑦⑧。

3 按下層、中層的順序安裝層板③，從層板上方以45㎜細牙螺絲固定。

4 以45㎜細牙螺絲安裝上層層板⑤。

補強和塗裝

5 將背板④以45㎜細牙螺絲，在左右棚架腳和中段的棚架板固定。安裝背板可以使栽培台更堅固。

6 從腳①側面鎖入45㎜細牙螺絲，固定下層、中層、上層深處的層板。

7 稍微以拋光機拋光整體，並整理打底面，塗上兩層木材保護塗料。

8 層板的間隙和背面等不顯眼的地方也仔細塗裝，確實乾燥後就完成了。

復古看板&名牌的作法

在底板加上擦痕，以復古風格塗漆，作出經年累月遭受風雨曝曬感覺的看板。

● 設計圖

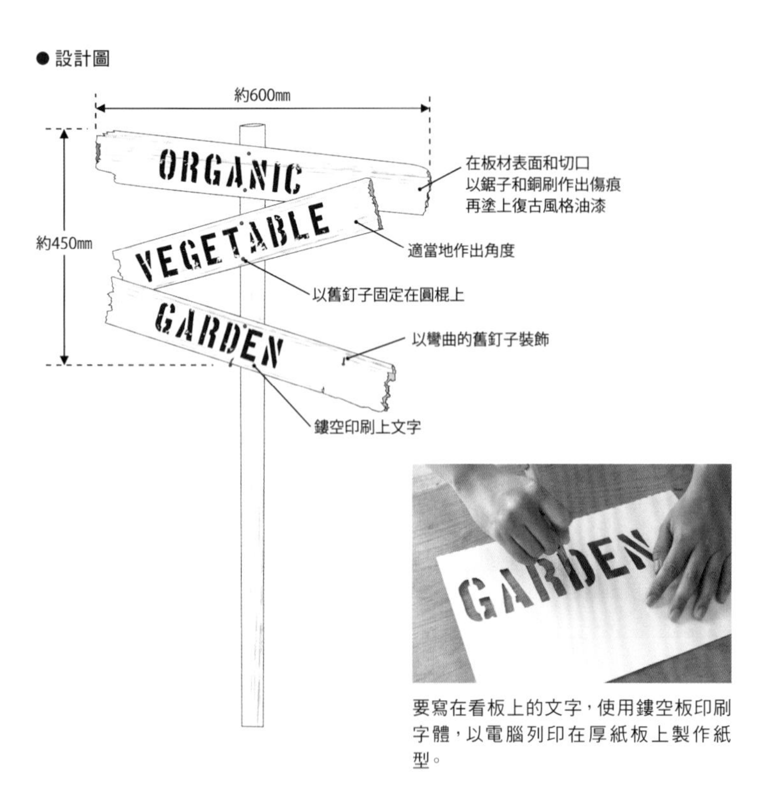

要寫在看板上的文字，使用鏤空板印刷字體，以電腦列印在厚紙板上製作紙型。

● 工具

刀片
鋸子
銅刷
刷子
砂紙（80號）
濕紙巾
鐵鎚
切割刀
柴刀
油性筆

● 材料

杉木底板（12×90×1,820mm）…1片
厚紙板……………………………3片
水性塗料（茶、藍、白）……適量
噴漆（黑）………………………適量
護木油（茶色）………………適量
圓棍或是天然木（Ø40至50mm，L2,000左右）……………………1根
舊釘子（45mm）………………適量
小樹枝、竹子、空瓶、天然石等……………………………適量
壓克力顏料……………………適量

名牌的作法

小樹枝、竹子、空瓶、破掉的陶器和天然石等，身邊能取得的物品都都能利用。寫蔬菜名稱和畫圖時，建議使用壓克力顏料，較不容易褪色。

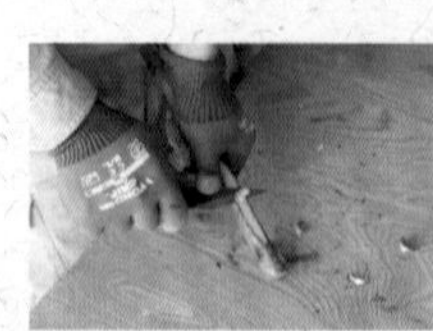

將Ø20至30mm，L300mm左右的小樹枝以切割刀削過，寫上蔬菜的名稱。

以柴刀劈開竹子，以壓克力顏料或油性筆塗成白色，寫上蔬菜名稱和播種日期即可。

製作復古風看板

1 為了使底板表現出長年風吹雨打的感覺，將板材的切口和表面以鋸子和銅刷作出傷痕。

2 在有傷痕、削痕的板面，以刷子塗上茶色水性塗料。

3 打底的茶色乾燥後，重疊塗上藍色。靜置兩小時乾燥後，再將整體塗成白色。

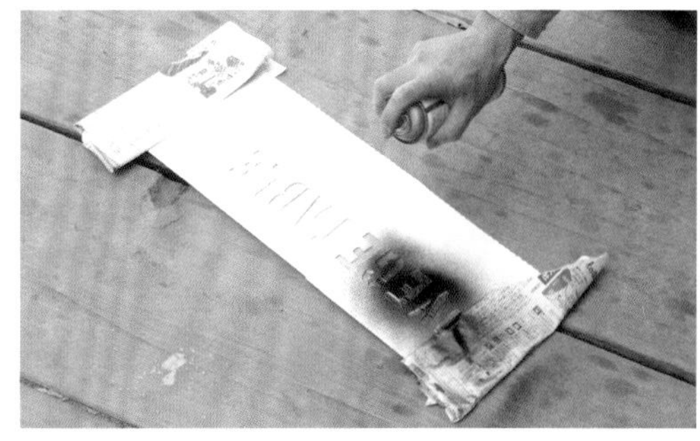

4 電腦列印的文字以刀片切割，作成鏤空板，貼在板材上以噴漆上顏色。

5 噴漆乾燥後剝去鏤空板，以80號砂紙挑幾處磨出底面顏色。

6 全體大致塗上茶色護木油，在乾燥前以濕紙巾擦拭。

7 將長2,000mm左右的圓棍也作復古塗裝，看板的板材使用生鏽的舊釘（45mm）固定。

8 完成後插在菜園內。板子於安裝時適當傾斜營造氣氛。

DIY DATA

難易度／★
製作費／0至300日圓上下（除鐵絲外利用舊衣和天然木）
製作時間／2至3小時
尺寸／約W1,800×D200×H1,800㎜

保護作物不受小鳥侵襲的稻草人

也能當作吉祥物

田園生活的夏天早晨，在五點前就因為麻雀的叫聲醒了過來。巡菜園是每天早上要作的事情，收割番茄和茄子、讓南瓜授粉，在早餐前進行一些工作。這樣的某一天，從P.50介紹的一坪水田傳來麻雀振翅飛走的聲音，到剛剛為止都還覺得鳥叫聲很可愛，卻發現稻穗都被啄食了。

鳥類所造成的損害不只是這樣。幾天後，快要收成的西瓜有了個大洞，紅色的果肉被挖出。雖然不知道是雉雞還是烏鴉所造成，但不想辦法對應是不行的。

因此我製作了自古以來就有的稻草人，守護農作物。

● 材料（分別準備適量）

❶舊衣和帽子
❷報紙
❸白色布料
❹手套
❺塑膠袋
❻天然木
❼稻草
❽鐵絲

稻草人的作法

材料利用天然木和舊衣等身邊能取得的物品。
畫上令人心暖的可愛臉孔吧。

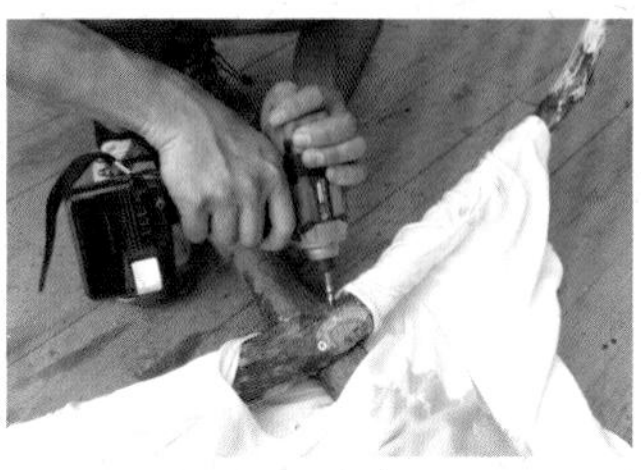

1 將長2.5至3m的木頭當作身體，長2m的木頭當作手臂。在距離作為身體的木頭頂端15cm處，以75mm的螺絲固定作為手臂的木頭。

2 在身體和手臂的木頭捲上稻草，作出厚度。為了使身體有分量，捲上大量稻草，並以繩子綁成一束。

3 套上舊T恤和甚平。服裝不同，稻草人也會給人不同的感覺！

4 以鐵絲作出手指，套上手套，手套內塞入剪短的稻草增添厚度。鐵絲能自由地作出手指的形狀。

5 將揉成足球大小的報紙圓球放入塑膠袋內，以白布包起。要插進木頭前端的脖子部分開孔。

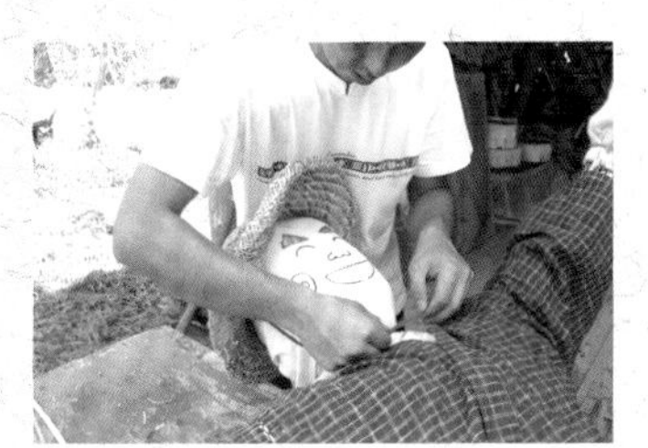

6 在白布上畫臉孔，頭套上草帽後插到身體上就完成。為了不要讓帽子被風吹走，以繩子打結綁在脖子上。

7 在菜園挖洞。腰部綁上短圍裙，藏住露出來的稻草。立起稻草人也能增添田園景色。

迴轉式堆肥發酵桶的作法

八角形的本體使用堅固的混凝土模板用合板，腳架使用2×4材製作。
安裝本體時，請使用不容易造成木材裂開的細牙螺絲。

● 安裝圖

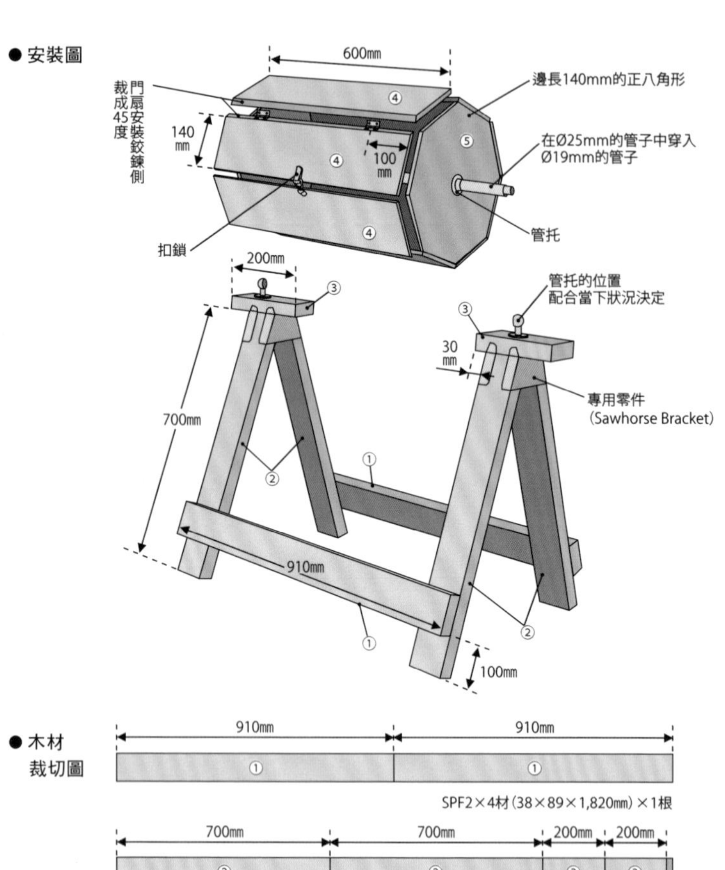

● 木材裁切圖

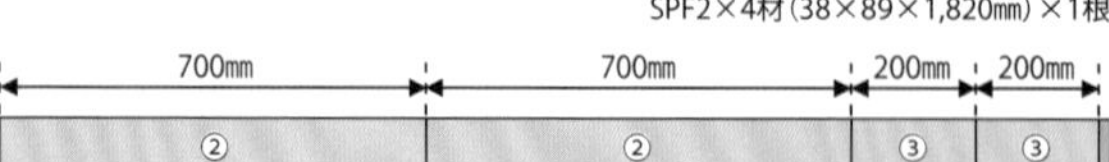

SPF2×4材（38×89×1,820mm）×1根

700mm 700mm 200mm 200mm

SPF2×4材（38×89×1,820mm）×2條
※其中一根只使用700mm長×2

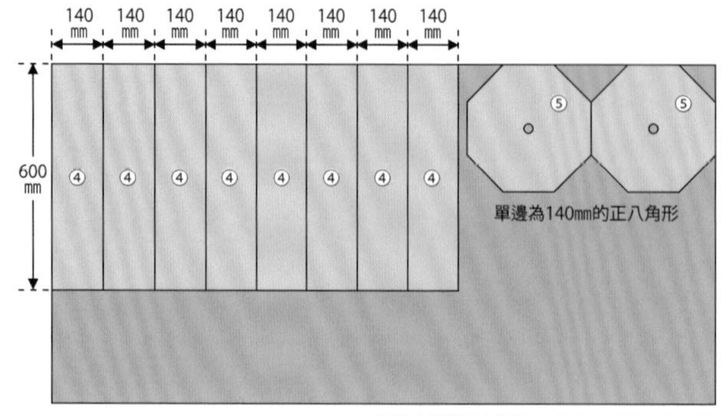

混凝土模板用合板（12×910×1,820mm）×1片

● 工具

直角尺
捲尺
圓鋸
圓鋸導尺
電鑽
木工用鑽頭（26mm）
墨斗
下孔鑽頭
電動衝擊起子
螺絲起子
砂輪機（或切管機）
木鍾

● 材料

混凝土模板用合板（12×910×1,820mm）………1片
SPF2×4材（6英呎）………3根
鉸鍊……………………………2片
扣鎖…1個
不銹鋼管（Ø25×910mm）…1根
管托（Ø25×910mm）………2個
專用零件………………………4個
不銹鋼管（Ø19×910mm）……1根
管托（Ø19×910mm）…………2個
螺絲（32,75mm）……………適量
細牙螺絲（45mm）……………適量

切割材料

1 使用直角尺、捲尺、圓鋸和圓鋸導尺，裁出正八角形的側板⑤。單邊長度為140㎜。

如何畫出特定邊長的的正八角形

①先畫出任意長度的直線。

②從距離起點①140㎜處畫垂直線。

③畫出①和②的直角二等分線（45度）。重複以上步驟就能畫出邊長140㎜的正八角形。

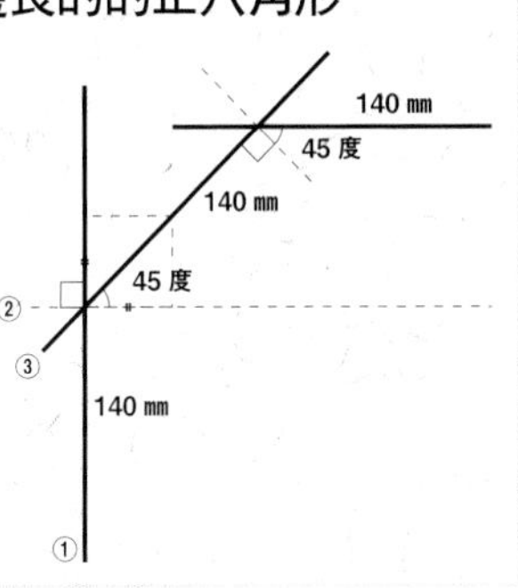

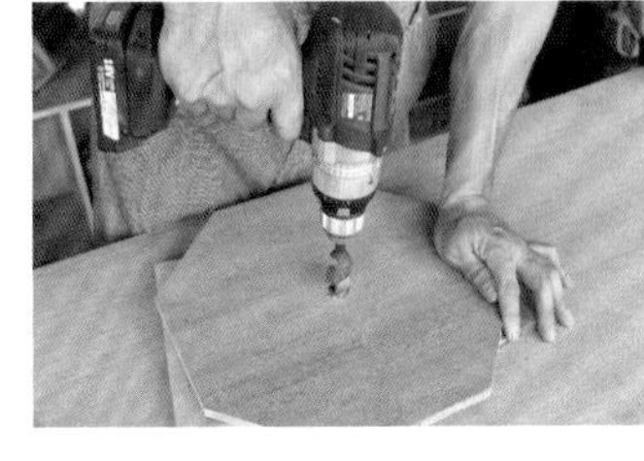

2 在步驟1裁出的2片側板⑤中心，以接上26㎜木工用鑽頭的電鑽鑽出開孔。

3 拉墨線放樣，以將混凝土模板用合板裁成長方形的板④。拉長直線的墨線時，有了墨斗會很方便作業。

4 裁出8片板④，將直線的板材固定後對上導尺，再放上圓鋸即可。

5 為了要將安裝蓋子鉸鍊的部分傾斜裁切，將圓鋸的角度調整成45度。

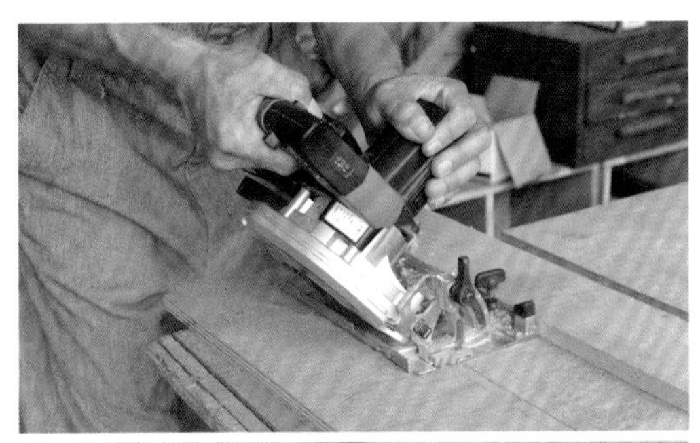

6 要安裝鉸鍊的2片板④，分別在其中一邊長邊作傾斜裁切。圖中左邊為傾斜裁切的剖面。

組裝本體

7 在電鑽裝上下孔用鑽頭，在長方形的板④開下孔。

8 將板④以45㎜細牙螺絲固定在側板⑤上。以電動衝擊起子機，將螺絲鎖到側板12㎜厚的切面中央。

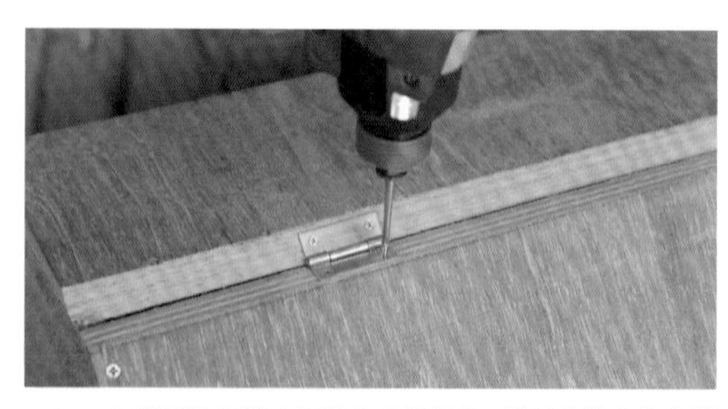

9 在傾斜裁切過的板④上安裝鉸鍊。鉸鍊先裝在作為門扇的木板上，再安裝在本體側。鉸鍊的螺絲以螺絲起子固定，或以電動衝擊起子機輕輕固定。

10 由於門扇的接合部分已傾斜裁切，開闔時就不會影響本體。

11 扣鎖部分則將鉤子固定在本體後，再將有彈簧的部分固定在門扇上。

12 以砂輪機或切管機，將Ø25㎜的管子切成810㎜長。

13 將Ø25㎜的管子穿過側板⑤的開孔。如果不容易穿過，則以木錘敲入，或一邊轉動穿入。

14 Ø25㎜的管子從本體左右兩側穿出均等長度之後，以管托固定。

放上本體

19 在安裝在本體Ø25㎜上的管子中，穿入Ø19㎜的管子。如此一來就能轉動本體。

20 以Ø19㎜的管子已穿過管托的狀態，放置在台座上，決定安裝位置。

21 將管托以所附的螺絲，固定在台座的板③上。

22 完成。為了讓有機物容易發酵，一開始可以放入少許市面販售的堆肥或腐葉土。

組裝台座

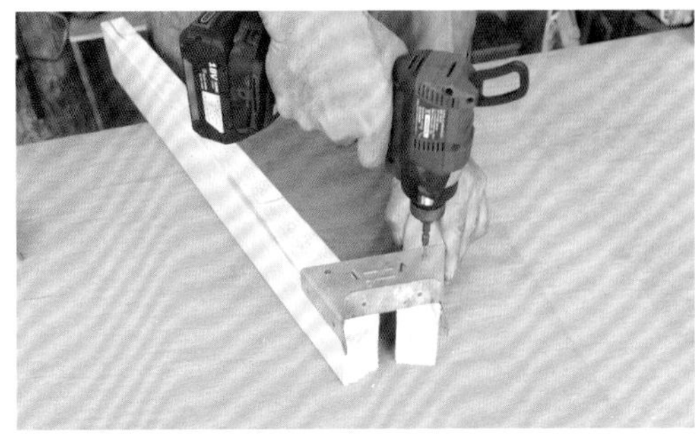

15 將2×4材②以兩個專用零件接合，製作台座腳。使用32㎜螺絲。

16 步驟15完成的台座腳上，以32㎜的螺絲將2×4材③固定。

17 將2根台座腳以2×4材①連接。使用75㎜螺絲，安裝在距離台座腳底100㎜處。

18 完成台座。放在平坦的地面，確認是否會晃動，有則進行調整。

DIY DATA

難易度／★

製作費／2,000日圓上下（不含蚯蚓）

製作時間／1小時

尺寸／W600×D450×H700㎜

以有孔儲運箱製作輕鬆就能完成！蚯蚓堆肥發酵箱

將蚯蚓的糞便活用在菜園

蚯蚓的糞便含有大量蔬菜生長時所需要的養分，也能提高土壤的排水性和透氣性，並有讓土壤鬆軟的效果。也有「礦物質豐富的土壤就會有蚯蚓出沒」這樣的說法，蚯蚓的糞便有被稱作「黃金土壤」般的價值。在此介紹將蚯蚓的糞便活用在菜園的堆肥發酵箱。

堆肥發酵箱的構造就如左頁的插圖所示，但一開始先使用一個儲運箱讓蚯蚓處理廚餘。最後會增加為三層，最下面一層便是蚯蚓的糞便。這樣的堆肥發酵箱能夠另將糞便取出，並將蚯蚓留在箱中。

● 材料

❶ 有孔儲運箱（600×450×200㎜）…3個
❷ 紅磚（也可以用空心磚）…………4個
❸ 椰子纖維墊（也可以用報紙）……適量
❹ 托盤（只要能夠承接儲運籃滴下的水分，什麼材料都可以）……………1片
❺ 蓋板……………1片

能放入蚯蚓堆肥發酵箱&不能放入的物品

可以放入的物品／蔬菜和水果的殘渣、咖啡和茶渣、蛋殼、報紙和咖啡濾紙。米、麵、零食類若少量也可以放入。

不能放入的物品／蔥蒜、肉和魚、柑橘類的表皮、木材、狗和貓的糞便、味增湯等液體。

蚯蚓堆肥發酵箱的作法

只要將在生活五金材料行買到的有孔儲運箱重疊就能完成。
使用的紅蚯蚓在釣具店或網路可買到。

2 為了不讓蚯蚓逃走，並且創造陰暗的環境，在有孔儲運箱的底部和側面將椰子纖維墊撕開塞滿。

3 放入5cm厚的腐葉土和堆肥，營造蚯蚓的生活環境。製造稍微含有水分的潮濕環境。

4 放入蚯蚓之後蓋上以板材製作的蓋子就完成了。依照蚯蚓的進食狀況，放入當作飼料的廚餘。

5 最下層鋪滿了之後，放上第二層儲運箱。由於椰子纖維只有塞住側面，只要放入廚餘，蚯蚓就會往上爬。

6 第二層鋪滿了之後，放上第三層的儲運箱。蚯蚓都移動上面那層後，將最下層的蚯蚓糞便撒在菜園當作肥料。

蚯蚓堆肥發酵箱的構造

STEP 1

在儲運箱的底部和側面鋪上椰子纖維墊，放入作為蚯蚓棲息地的腐葉土。廚餘則依蚯蚓的食量追加放入。

STEP 2

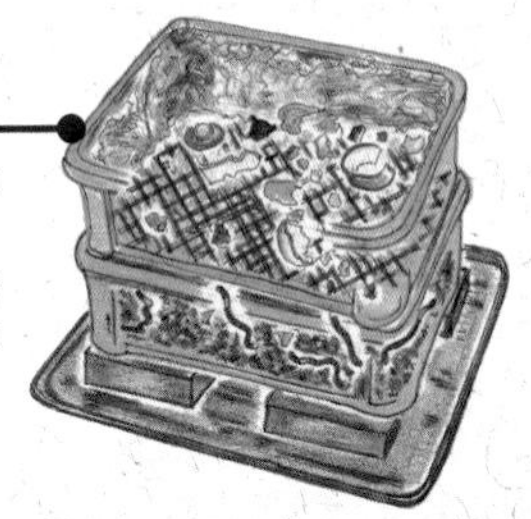

第一層的儲運箱放滿後就放上第二層，之後放入廚餘。蚯蚓在覓食時會從儲運箱底的孔洞往上爬。第二層的椰子纖維只放在側面。

STEP 3

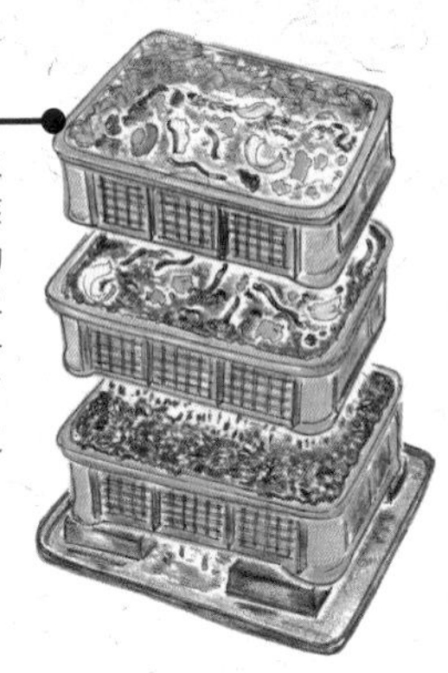

第二層滿了之後放上第三層。此時第一層的廚餘應該已經都處理完畢，蚯蚓活動的範圍主要在第二層和第三層。第三層滿了以後，將第一層的糞便施肥在菜園，空了的儲運箱再放到最上層。之後就是重複這些步驟。

1 在不會淋到雨的屋簷下之類的平坦地面，放上接水的托盤、排列當作台座的紅磚，再放上儲運箱。

堆肥製作Q&A

本書介紹了各種製作堆肥的道具，但根本上來說，您了解堆肥是什麼嗎？
在此詳細介紹要種出健康又好吃的蔬菜不可或缺的堆肥。

Q 堆肥根本上來說是什麼？

A 堆肥是將家畜的糞便和蔬菜的殘渣、雜草、落葉和廚餘等有機物發酵和分解的產物。將堆肥混入土內，使土內微生物增加，作出適合蔬菜生長的鬆軟土壤。提高土壤的透氣性、保水性和排水性，讓蔬菜的根部能生長得更好，也有使土壤儲蓄養分的效果。

Q 堆肥和肥料有什麼不同？

A 堆肥是製作適合蔬菜生長的土壤所需要的材料，肥料則是蔬菜所需要的營養分。堆肥雖然也含有營養分，但是量較少，和肥料的使用目的不同。蔬菜所需氮素、磷酸、鉀和礦物質、鎂等，如果以化學合成製作就是化學肥料，以有機物作為原料製作的則是有機肥料。

Q 堆肥有哪些種類？

A 以家畜糞便製作的堆肥而言，市面上有販售如馬糞堆肥、牛糞堆肥和豬糞堆肥等。雞糞雖然也能用來製作堆肥，但因為含有豐富的養分，如果要分類是被歸為肥料。另外還有以樹皮當作原料的樹皮堆肥，闊葉樹木的落葉所發酵的腐葉土也是堆肥的一種。堆肥根據材料不同，所含的營養、使土壤鬆軟的纖維等也會有所不同。

Q 一般家庭是否也能作堆肥？

A 在家裡製作時，堆肥的材料應該是廚餘、雜草和蔬菜的殘渣等。將這些有機物堆在庭院或菜園的角落，就可以自然分解成為堆肥。只是光是堆起來放置，有機物被分解要花上1至2年，而且若是沒有順利發酵就會腐敗。因此才會以堆肥小屋和發酵桶等工具，來有效率地製造堆肥。

Q 製作堆肥的技巧？

A 為了將有機物有效率地分解，就要讓微生物更加活躍。在剛開始製作堆肥時，將有機物加上市面販售的堆肥，活用其中的微生物就可以。微生物的活動需要適當的水分和氧氣當作營養。然而水分太多會造成腐敗，水分較多的廚餘需要盡可能將水分絞乾後，再放入發酵桶。另外，須經常攪拌有機物以供給氧氣。發酵狀況不佳時可以加入米糠，米糠含有發酵菌，也會成為微生物的養分。

Q 堆肥需要多久才能完成？

A 定期翻攪，順利進行分解時，在氣溫高的春夏約3個月到半年；秋冬約半年到一年，就能熟成到可以施用在田裡的程度。如果水分過多，看來會腐敗時加入乾落葉，太乾時則加上雜草或是廚餘等水分多的材料。等到幾乎看不出來材料原本的外型，變成茶色的土壤狀時就完成了。另外，柑橘類的皮和樹枝及鋸屑需要很多時間才能分解，貝殼及鳥骨等也不容易分解，因此不建議放入。

Q 堆肥要怎麼使用？

A 完成的堆肥用來製造栽培用的土壤。一般約在作物播種和移植的兩周前，每1m^2的土壤中撒上1到2鏟的堆肥，再以用圓鍬等工具混入。在菜園作物較少的冬季，於菜園整體施用堆肥也可以。藉著持續施用堆肥，能漸漸地增加菜園土壤的肥沃度。

CHAPTER 4

一起來製作菜園用具吧！

－秋&冬－

氣溫變低時，蔬菜種植也暫時告一段落。
這個時間就來進行堆肥小屋和農機具小屋等，
稍微有挑戰性的大工程。

火箭爐的作法 10月

材料中的油漆桶使用市販品。
不使用電動工具，大概一個小時就可以完成。

● 設計圖

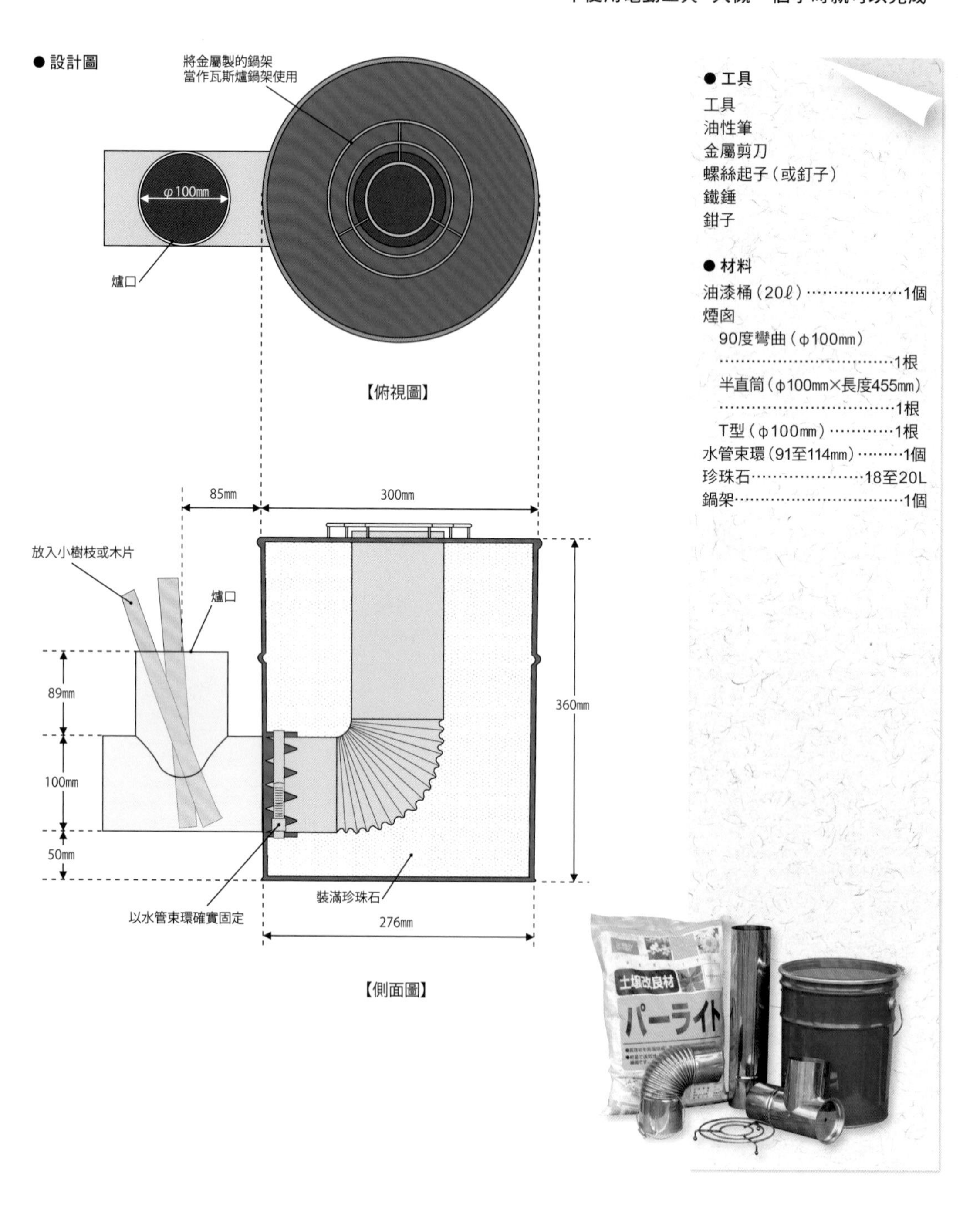

● 工具

工具
油性筆
金屬剪刀
螺絲起子（或釘子）
鐵鎚
鉗子

● 材料

油漆桶（20ℓ）……………1個
煙囪
　90度彎曲（ϕ100mm）
　……………………………1根
　半直筒（ϕ100mm×長度455mm）
　……………………………1根
　T型（ϕ100mm）…………1根
水管束環（91至114mm）………1個
珍珠石…………………18至20L
鍋架……………………………1個

製作煙囪

5 在油漆桶蓋的中央，以油性筆描畫出半直筒煙囪的直徑。

6 同步驟2方法在圓形中央部開孔，以金屬剪刀放射狀剪開。

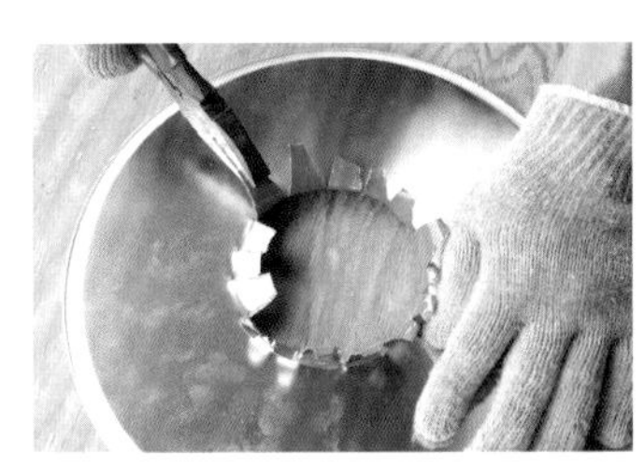

7 將切口的前端以金屬剪刀剪開，以鉗子往蓋子內側折。小心作業，不要被切口割傷。

8 由於煙囪長度要配合油漆桶尺寸切割，將半直筒煙囪暫時套入，蓋上蓋子。

製作爐口

1 將90度彎曲煙囪的直徑轉描在厚紙板上，放在距離油漆桶底50㎜處，以油性筆畫出安裝煙囪的位置。

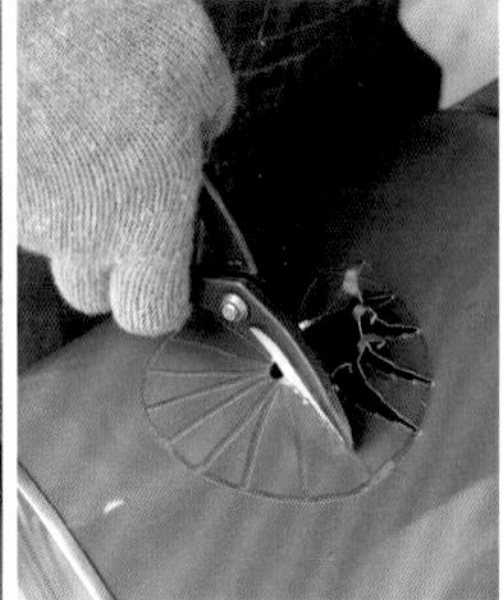

2 在步驟1標好的圓形中心，放上螺絲起子或釘子，再以鐵鎚敲打開孔，並以金屬剪刀放射狀剪開。

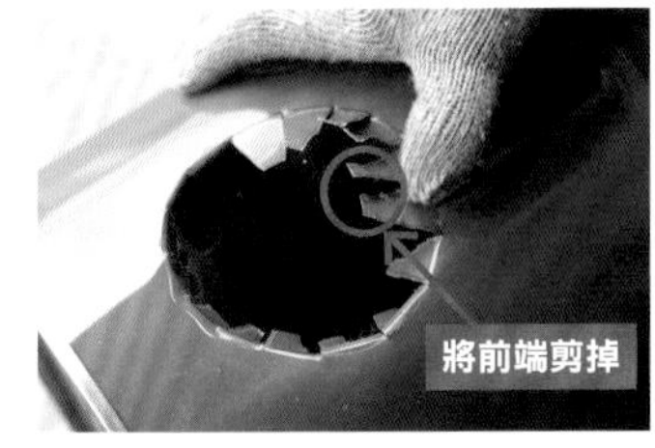

3 將切口的前端剪掉約20㎜，以手指往內側折。

4 從油漆桶內側插入90度彎曲煙囪，步驟3的折彎部分以水管束環固定。

放入隔熱材料

13 在油漆桶內放入作為隔熱材料的珍珠石。內部塞滿珍珠石也能固定煙囪。

14 蓋上蓋子，裝上作為爐口的T型煙囪。蓋子上放上金屬製鍋架就完成了。

15 鍋架上可以作料理。由於隔熱材料使用輕量的珍珠石，也很方便搬運。

9 將半直筒煙囪超出蓋子的部分，以油性筆標上記號。之後拿掉煙囪。

10 步驟10開出的孔洞插入金屬剪刀，將直筒煙囪剪開。由於材質為不銹鋼，稍微有點硬，會比較費力。

11 步驟10開出的孔洞插入金屬剪刀，將直筒煙囪剪開。由於材質為不銹鋼，稍微有點硬，會比較費力。

12 套入剪斷的半直筒煙囪。如果不好套入，將90度彎曲煙囪以金屬剪刀剪出牙口即可。

CHAPTER 4

將油漆桶噴漆使外型更好看

火箭爐一般使用油漆桶等廢棄物製作，只要加上噴漆就能簡單地個性化。雖然可以簡單以噴漆罐塗裝，但也推薦使用P.064所介紹的鏤空板印刷。P.075的火箭爐也是使用鏤空板印刷所完成的。

1 取得使用過的油漆桶，以螺絲起子將蓋子頂開。由於蓋子等一下還要使用，打開時請小心。

2 蓋子打開後，以濕紙巾將內部擦拭乾淨。

3 整體以耐熱噴漆和油漆塗裝。但只要裝滿隔熱材料，使用一般的塗料也不容易在使用時燒起來。

4 以電腦下載孔版印刷字型，印在厚紙板上，將文字割下。

5 塗料乾燥後，將步驟4製作的紙型貼在油桶上，以膠帶密切貼合。

6 以報紙覆蓋整體，噴上和底色不一樣的顏色。也可以將布沾滿塗料後，拍打桶面沾上顏色。

7 拆除報紙和鏤空版，就會出現漂亮的文字。以這個油漆桶製作火箭爐就可以了。

DIY DATA

難易度／★★★
製作費／2,000日圓上下
（鐵桶是廢物利用）
製作時間／半天至一天
尺寸／φ580×H900㎜

以鐵桶製作
正統的石烤地瓜窯

以遠紅外線烤出甘甜的地瓜

石烤地瓜是將地瓜埋入有熱度的小石子內烘烤而成。利用蓄熱的石子所放出的遠紅外線，慢慢加熱是其優點，可以增加地瓜的甜度。和一般的烤地瓜不同，不是利用火堆。在此介紹如何利用鐵桶製作烤地瓜窯。

將從正中間橫切成兩半的鐵桶上下顛倒疊起，將桶底放在上面作成烤窯。在其中放入滿滿的小石子，下方的爐子燒柴。小石頭充分加熱後就埋入地瓜，靜置約兩小時。烤好的地瓜剖開為金黃色，熱呼呼地飄著甘甜的香氣。

以遠紅外線烤到連中心都熟透。趁熱享用最美味。

石烤地瓜窯的構造圖

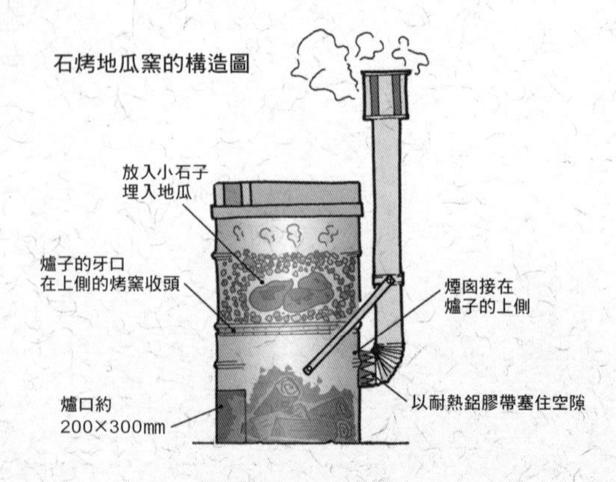

● 材料

蓋子可以打開的鐵桶………1個	煙囪支撐零件………………1個
彎曲型煙囪（Ø100㎜）………1個	耐熱鋁膠帶……………………適量
直筒煙囪（Ø100㎜）…………1個	SPF2×4材（6英呎）…………2根
煙囪帽（Ø100㎜）……………1個	小石子…………………………30kg

石烤地瓜窯的作法

材料為廢棄的鐵桶，由於原本是拿來裝食品的，衛生方面也較安心。
使用砂輪機切割。

1 在鐵桶中心繞一圈畫線，以裝了鐵工用砂輪片的砂輪機切割成兩半。

2 原本是鐵桶上側、沒有底部的部分當作爐子，需要開爐口。裁出長200×寬300大小的開口。

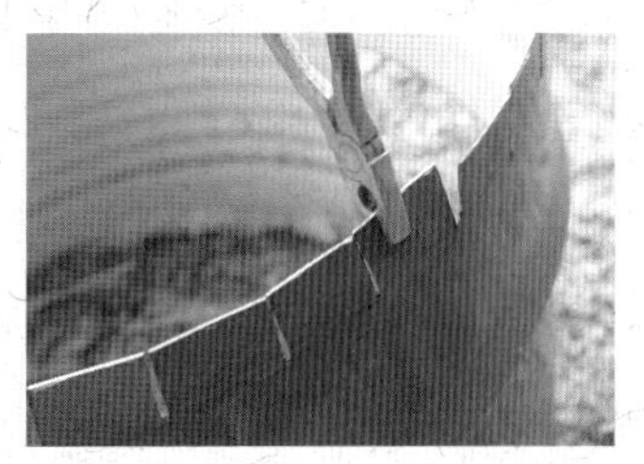

3 在爐子的上側邊緣每50cm剪約30㎜的牙口，以鉗子往內側輕輕彎折。如此一來放在爐子上方的烤窯就能較安穩。

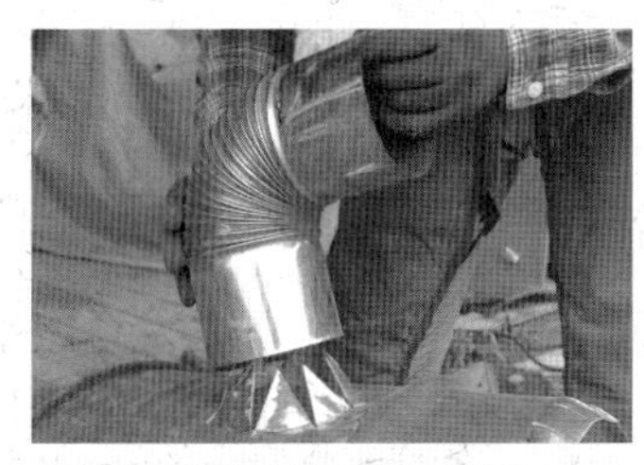

4 在爐口的對面剪出直徑約100㎜的放射狀牙口，彎折後裝上彎曲型煙囪，再以耐熱鋁膠帶固定。

5 製作烤窯的蓋子。排列2×4板材再以棧木固定，配合鐵桶開口大小，以電鋸裁成圓形。

6 燒柴也要將爐子放在安全場所，配合步驟3彎折的邊緣，將鐵桶底部放上作為烤窯。

7 將直筒煙囪接在彎曲煙囪上，也放上煙囪帽蓋。將煙囪支撐零件以金屬用螺絲固定。

8 在窯內放入洗乾淨的小石子，在爐子內燒柴加熱。小石子充分加熱後，再把地瓜埋入。

9 在窯內放入洗乾淨的小石子，在爐子內燒柴加熱。小石子充分加熱後，再把地瓜埋進去。

儲藏室的作法

以杉木斜樑材來搭框架，在底部和側面貼上底板材製成箱子。物品雖然較大，但製作起來並不困難。

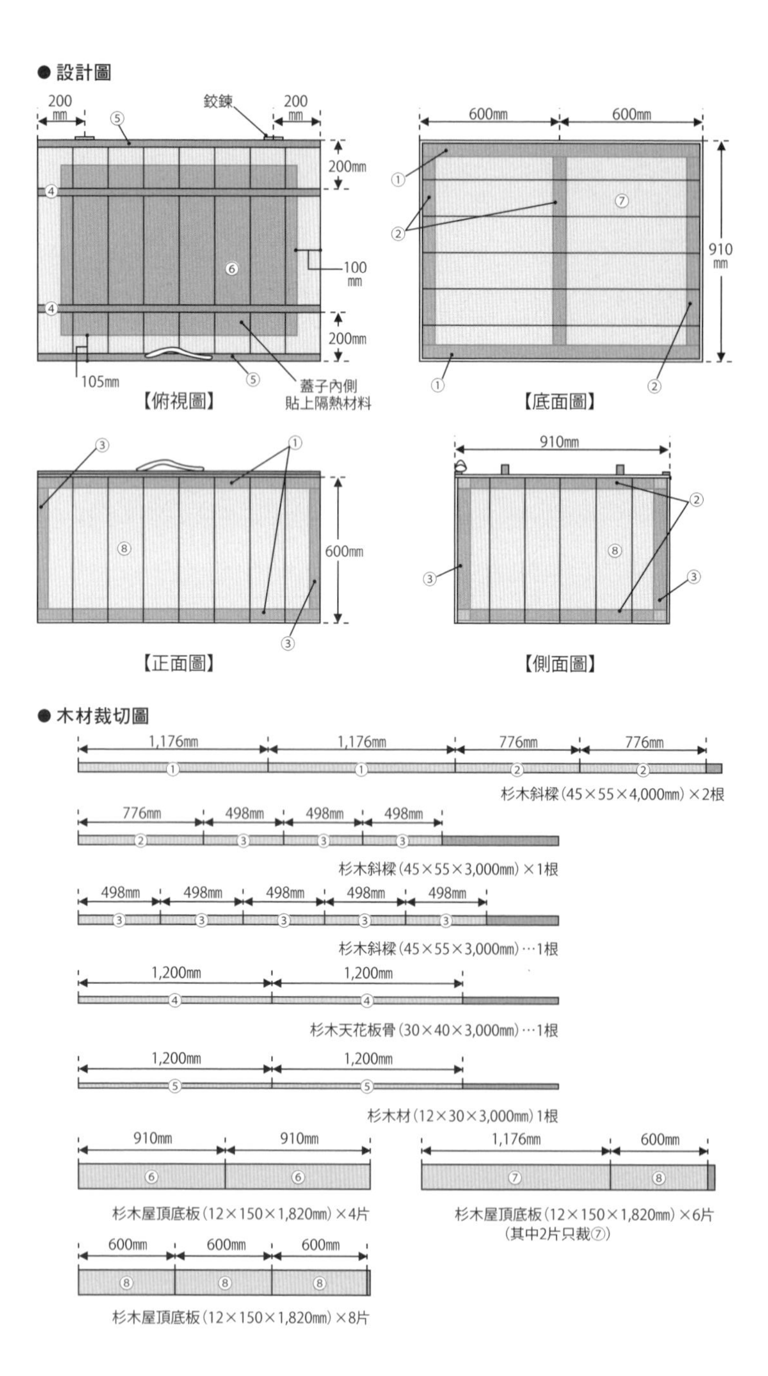

● 工具

圓鋸
圓鋸導尺
直角尺
捲尺
電動衝擊起子機
C型夾
刀片
電鑽鑽頭
螺絲起子
木工用鑽頭（10mm）
工藝刀
拋光器
刷子

● 材料

杉木斜樑
（45×55×4,000mm）………2根
杉木斜樑
（45×55×3,000mm）………2根
杉木屋頂底板
（12×150×1,820mm）……18片
杉木天花板骨
（30×40×3,000mm）………1根
杉木材
（12×30×3,000mm）………1根
天然木
（Ø30×300mm左右）………1根
鉸鍊…2片
隔熱材料
（25×910×1,820mm）………1片
螺絲（32,90mm）………………適量
細牙螺絲（23mm）…………適量
木材保護塗料……………………適量
麻繩………………………………適量

製作框架

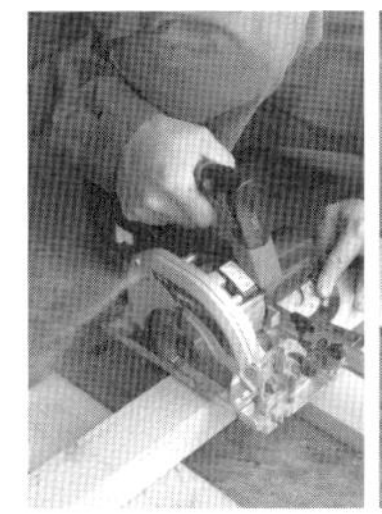

1 參考P.082的木材裁切圖，以圓鋸、圓鋸導尺、捲尺及直角尺，裁出框架需要的木材。

2 將①和③組合，作出2個588×1,176㎜大小的框。螺絲使用90㎜長。

3 組合框架時，在轉角的內側以直角尺確認是否為直角。

4 以同樣的作法，以②和③組合作出2個588×776㎜大小的框。將四個框組合起來作成框架。

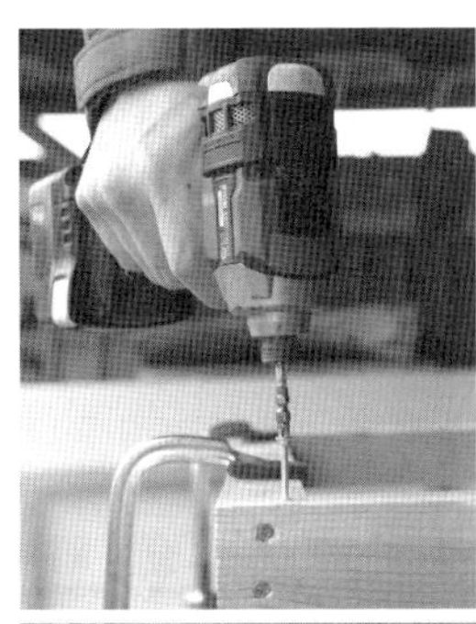

5 將①和③作成的正面和背面的框，及②和③作成的側面的框，短邊以C型夾固定，並以90㎜的螺絲接合。

6 在底部的中心，架上1根②，再以90㎜螺絲固定。

7 完成儲藏室框架。將框架間的轉角對上直角尺，確認是否為直角。

作門後塗裝

12 將板材④間隔450㎜放上2根，在上面並排上8片板材⑥，以32㎜螺絲固定。

13 將步驟12製作的門翻到背面，在兩端將板材⑤以23㎜細牙螺絲固定。

14 將厚25㎜的隔熱材料裁成700×1000㎜。雖然圖中是使用圓鋸，不過以刀片也能夠輕易切割。

15 將裁好的隔熱材料以32㎜螺絲固定在門扇內側。鎖入螺絲時力道要輕。

製作牆壁

8 將底部朝上放置，從框架邊端排上板材⑦，再以32㎜螺絲固定。

9 接著，側面朝上，將板材⑧以32㎜的螺絲固定，最後在正面和背面固定板材⑧。

10 正面和背面的板材超出框架的部分，以圓鋸切齊。

11 牆壁的板材都固定好的樣子。以斜樑材搭好框架後，只要固定上板材就能完成，非常簡單。

埋入地面

20 為了當作埋入地面時的提把，在側板以裝上10㎜木工用鑽頭的電動衝擊起子開孔，穿入麻繩。

21 以鏟子挖出比木箱稍微大的洞，深度則是和木箱高度相同的600㎜，底部整平。

22 木箱水平放入洞內，周圍塞入土壤，再以棒子壓實。儲藏室就完成了。

蔬菜儲藏的適當溫度

秋天採收的蔬菜中，最難以儲存的是地瓜。地瓜儲藏的適當溫度是15度左右，關東地區平地大約在地面下600㎜左右，就能維持這個溫度。另外，芋頭的儲藏溫度是10度左右，建議儲存在地面下200至300㎜處。儲藏室的最下方放地瓜，鋪上稻草後再放上芋頭就可以了。再將馬鈴薯、白蘿蔔和紅蘿蔔放在上面也沒問題。

16 在門片裝上兩片鉸鍊，和框架固定在一起。使用電鑽或螺絲起子，鎖固時注意螺絲孔不要偏掉。

17 門扇以45㎜螺絲安裝天然木把手。天然木以工藝刀削皮，使用拋光機打磨。

18 將外側整體塗上木材保護塗料。整體塗完一次後，等確實乾燥後再塗第二層。

19 完成儲藏室木箱，如此就能在距離地面600㎜深處儲藏農作物。

DIY DATA

難易度／★★★
製作費／6,000日圓上下
製作時間／1天
尺寸／W1,200×D2,300×H2,000㎜

以竹子製作的小溫室

在冬天，溫室裡也暖呼呼

只要有溫室，就算在冬天也能體會種菜的樂趣。在此介紹以竹子為框架製作的溫室，是P.48介紹的綠色隧道的變化版。

天花板部分是將剖開的竹子彎成弧形，讓塑膠布可以容易套上。門雖然是以杉木板製作的，但如果想簡化作法，也可以將塑膠布從上面垂下蓋住就好。塑膠布以溫室用固定夾，就可以輕鬆固定在竹子上。溫室寬約榻榻米，高約2m，是小菜園也能單置的迷你尺寸。

● 材料

❶竹子（L2,500至3,000㎜、Ø20至30㎜左右）……25至30根
❷固定夾（13,19,22,25㎜）……適量
❸杉木（30×40×1,820㎜）……4根
（30×40×3,000㎜）……2根
（15×45×1,820㎜）……1根
❹螺絲（75㎜）……適量
❺鉸鍊……2片
❻棕櫚繩或麻繩……適量
❼溫室用塑膠布（2.5×10m）……1片

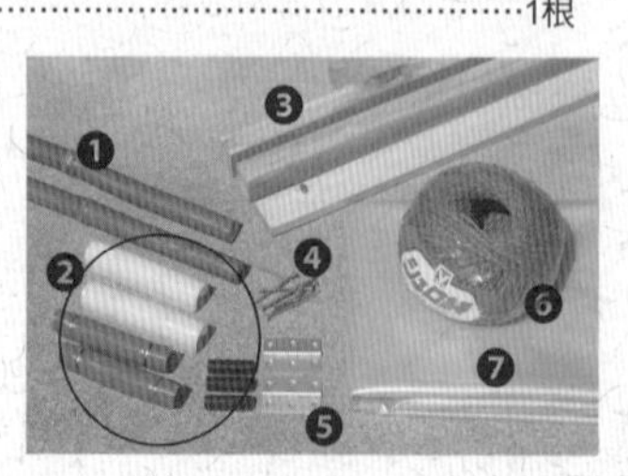

竹子框架圖

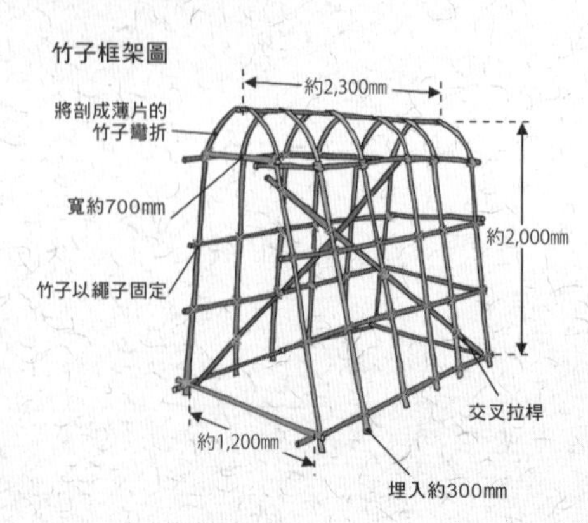

竹子溫室的作法

竹子Ø20至30㎜左右，長2,500至3,000㎜，盡可能準備筆直的竹子。
將當作柱子的竹子前端以柴刀斜切，會較容易插入地面。

1 將地面整平，拉水線，標出設置場所的基準。對角線長度均等，就能作出漂亮的四角形。

2 將當作柱子的竹子以45㎜間隔，單邊6支、共立12支。埋入約30cm，讓柱頂高度一致。

3 在柱子以棕櫚繩或麻繩綁上當作橫向框架的竹子。以約60cm的間隔，單邊4支、共綁上8支。之後放入交叉拉桿。

4 為了要作出弧狀的屋頂框架，以柴刀將竹子剖成可以彎曲的厚度。使用雙面有刀刃的柴刀，就能剖得漂亮。

5 將剖開的竹子折彎、高度對齊後，綁在兩側的柱子上，以棕櫚繩或麻繩固定。

6 屋頂中心橫綁上一根竹子，溫室正面上方和下方各一根，背面則固定四根，就完成竹子框架了。

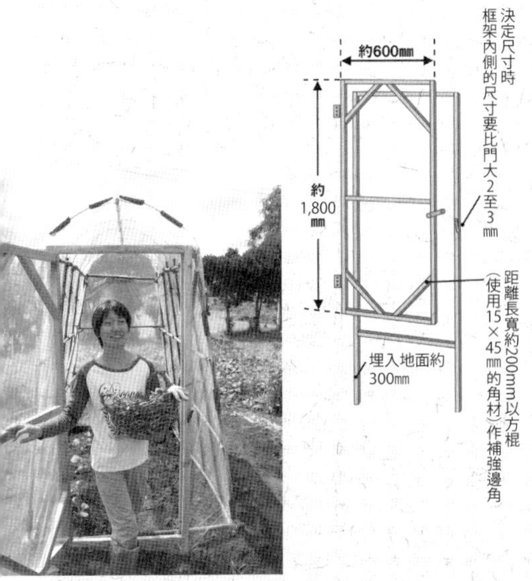

7 以杉木天花板材製作門框和門。門框以螺絲固定在竹框架上，門拉上塑膠布，以釘槍固定即可。

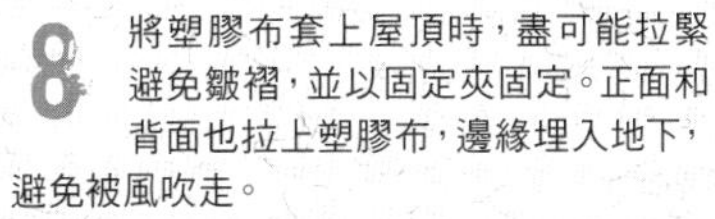

8 將塑膠布套上屋頂時，盡可能拉緊避免皺褶，並以固定夾固定。正面和背面也拉上塑膠布，邊緣埋入地下，避免被風吹走。

堆肥小屋的作法

將柱子埋入地面立起的小屋。為了抑制腐蝕，牆壁和柱子都經過碳化加工。
也可以塗上木材保護塗料。

● 安裝圖

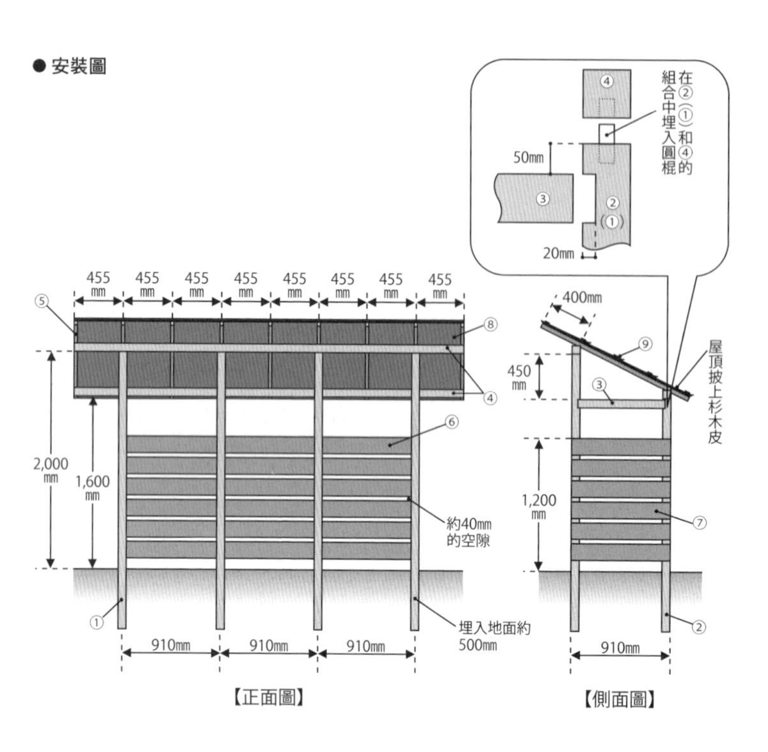

● 木材裁切圖

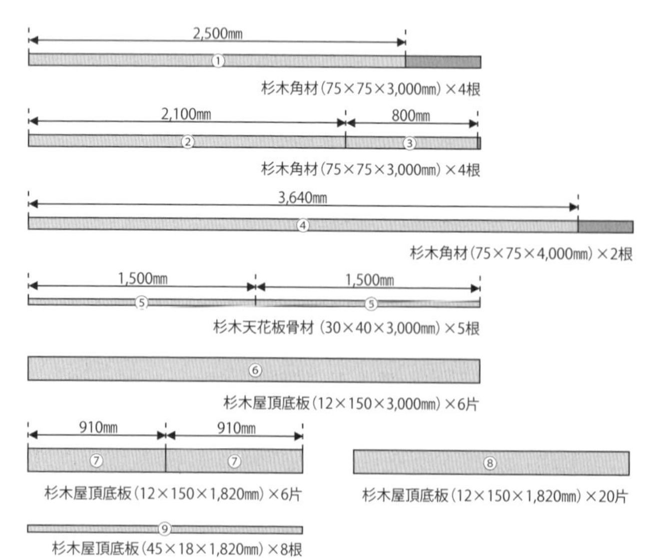

● 工具

圓鋸
圓鋸導尺
直角尺
捲尺
鑿子
電鑽
木工用鑽頭(24mm)
噴槍
鏟子
水平器
電動衝擊起子機
鐵鎚
木鎚

● 材料

杉木角材(75×75×3,000mm)…………8根
杉木角材(75×75×4,000mm)…………2根
杉木天花板骨材(30×40×3,000mm)…………5根
杉木屋頂底板(12×150×3,000mm)…………6片
杉木屋頂底板(12×150×1,820mm)………26片
杉木皮…適量
螞蝗釘…適量
碎石…適量
圓棍(500mm左右)…………1根
螺絲(32,40,90,120mm)……適量
木工用接著劑………………適量

立柱子，放上桁架

4 為了防止腐蝕，在柱子①、②的下側1,000mm左右以噴槍烤到碳化。碳化後就以水滅火。

5 整地，將要埋柱子的位置以鏟子挖600至700mm左右。

6 在挖好的洞放入100至200mm厚的碎石，確實壓固，將柱子立起。

7 放上水平器確認是否垂直，確認後將孔洞回填。以第一根柱子當作基準，立起其他柱子。

加工材料

1 在柱子①、②和梁③嵌合的位置作出缺口，首先將圓鋸導尺靠著圓鋸刻出細紋。

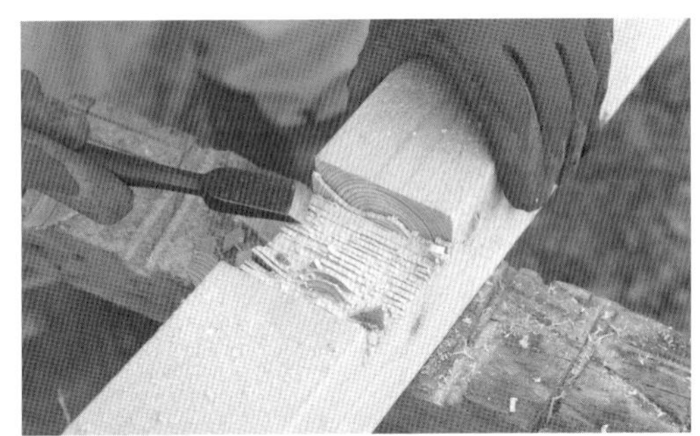

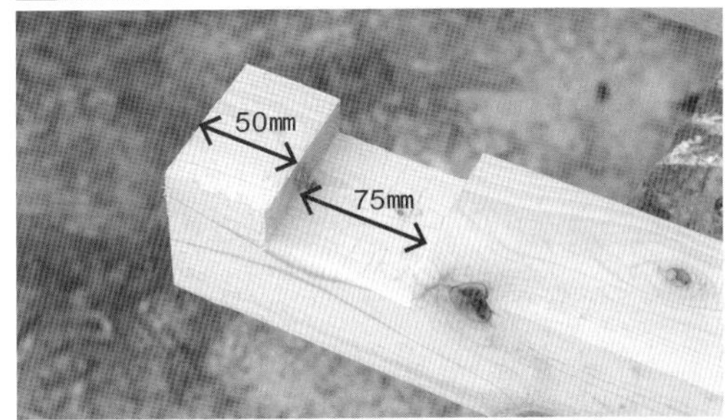

2 將步驟1的刻紋以鑿子鑿掉。作出缺口的位置，①是距離上端450mm，②是距離上端50mm，寬度各為75mm。

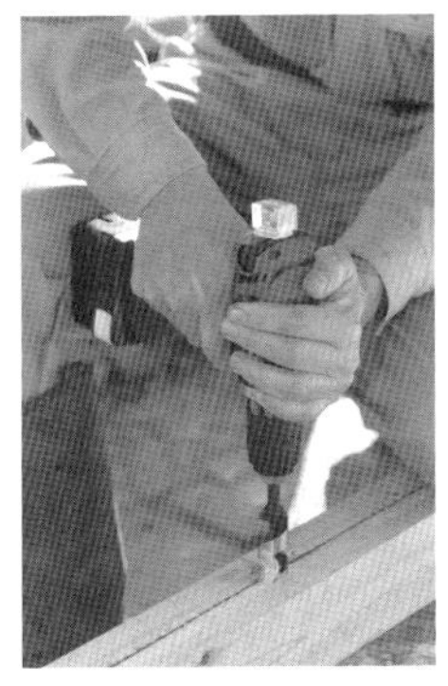

3 在電鑽裝上24mm的木工用鑽頭，在柱子①、②的切面中心鑽30mm深的開孔（如上圖）。桁架④的柱子的安裝位置也作開孔（如左圖）。

立柱子，放上桁木

8 將梁③嵌入柱子①、②的缺口。如果沒有辦法順利嵌入，就稍微調整柱子的位置。

9 在嵌入缺口的梁③上放置水準器，並將柱子①、②調整至一致的高度。

10 確定柱子的位置後，以電動衝擊起子機和120mm螺絲將柱子①、②和梁③固定。

11 所有柱子都正確立好後，回填混了碎石的土壤。

12 將回填土以木棒壓實。壓實用木棒使用45×55mm左右的斜樑邊材會較方便。

13 在步驟3開孔的柱子切面塗上木工用接著劑，將裁成60mm長的圓棍以木錘打入。

14 將打入柱子切面的圓棒，對合步驟3桁架④所加工的開孔放上。

15 柱子①、②和梁③及桁架④以鍾子打入螞蝗釘固定。

CHAPTER 4

製作牆壁

20 在小屋背面將屋頂底版⑥以32mm的螺絲固定，設置到距離地面1,200mm的高度為止。

21 同樣在側面也以32mm的螺絲，將屋頂底板⑦固定。板子之間留40mm的間隙。

22 為了抑制腐蝕，將牆壁和柱子以噴槍烤至碳化，最後再澆水滅火。

23 完成堆肥小屋。牆壁留有空隙確保透氣性，能適當調整地面堆積的有機物水分。

製作屋頂

16 在桁架④間隔455mm排列9根杉木天花板骨材⑤，以90mm螺絲固定，當作斜樑。屋簷突出約40mm。

17 在斜樑上將杉木屋頂底板⑧以32mm的螺絲接合鋪設。屋頂底板的連接位置，一定要在斜樑的中央。

18 屋頂底板排上造型用的杉木皮。由於不需要完全防水，不鋪杉木皮也可以。

19 杉木皮再橫放上⑨的橫條板，以40mm的螺絲固定在屋頂底板上，以壓住杉木皮。

進階挑戰！
LET'S CHALLENGE

DIY DATA

難易度／★

製作費／1,500日圓上下

製作時間／2至3小時

尺寸／W624×D600×H642㎜

能夠輕鬆翻攪的
木製堆肥發酵箱

以小小的空間輕鬆製作堆肥

製作堆肥雖然有許多作法，但最簡單的方式是使用這個堆肥箱。長寬高600㎜的木箱，特徵是沒有底部。將雜草、蔬菜渣、廚餘等有機物堆積，以一個月一次的頻率翻攪，提供氧氣給微生物。此時只需要將箱子往上提，放到邊，將傾倒出來、熟成中的有機物以鏟子翻攪後，再堆回到箱內就能完成。重複這樣的作業半年，有機物就會變成土狀。

搭配米糠或腐葉土就能促進發酵，由於內容物直接接觸地面，多餘的水分會自然排掉。

翻攪時將堆肥箱從上方拿起，再將留在地上的有機物放回到箱內。

● 材料

材料	數量
杉木屋頂底板（12×90×600㎜）	28片
杉木屋頂底板（12×90×630㎜）	7片
杉木斜樑（45×45×630㎜）	4根
杉木斜樑（45×45×300㎜）	2根
天然木（長さ300至400㎜）	1根
鉸鍊	2片
木工用螺絲（32㎜）	適宜

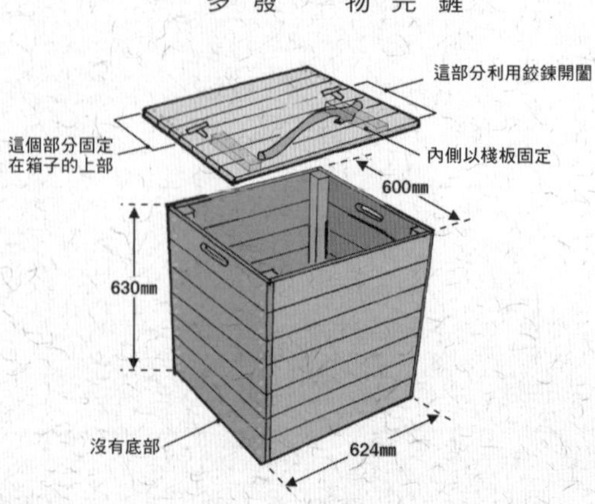

木製堆肥發酵箱的作法

只要在杉木斜樑上鋪屋頂底板就能完成的箱子。
雖然這裡示範的蓋子是以鉸鍊作成開闔式，但只以合板等大板蓋上也OK。

1 在裁成630㎜的杉木斜樑平行排上7片600㎜的屋頂底板，以32㎜螺絲固定。製作2片。

2 600㎜的屋頂底板其中兩片，以電鋸割出提把用的開孔。洞的大小為30×120㎜左右，手掌可以放入的尺寸就OK。

3 將步驟1製作的2片箱壁以600㎜屋頂底板連接。有提把開孔的板子要在最上面，排列7片板子，以32㎜螺絲固定。

4 完成沒有底部的箱子，是可以將裡面熟成中的有機物留在原地，輕鬆拿起的構造。由於非常輕，不需要花費太多力氣就能夠拿起。

5 將630㎜的屋頂底板其中3片，以32㎜的細牙螺絲固定在箱頂。由於是固定在12cm厚的箱壁上，注意不要讓木材裂開。

6 將300㎜的斜樑距離400㎜左右平行放置，再排上4片630㎜的屋頂底板，並以32㎜的螺絲加以固定。

7 將鉸鍊裝在步驟6完成的蓋子上。鉸鍊推薦選擇可以裝在外側的款式。為了避免位置偏差，一定要開下孔後再以螺絲鎖固。

8 以天然木當作把手，先以工藝刀削皮後再以砂紙打磨，從蓋子內側以32㎜螺絲固定。

9 完成，可以使用3至4年。由於想讓腐壞的箱子也能變成堆肥，回歸大自然！就不塗上木材保護塗料。

農機具小屋的作法 1月

以2×4材組合成框架，再使用屋頂底板組合成牆壁的簡單小屋。
屋頂則在防水紙上放上土，作成植草屋頂。

● 設計圖

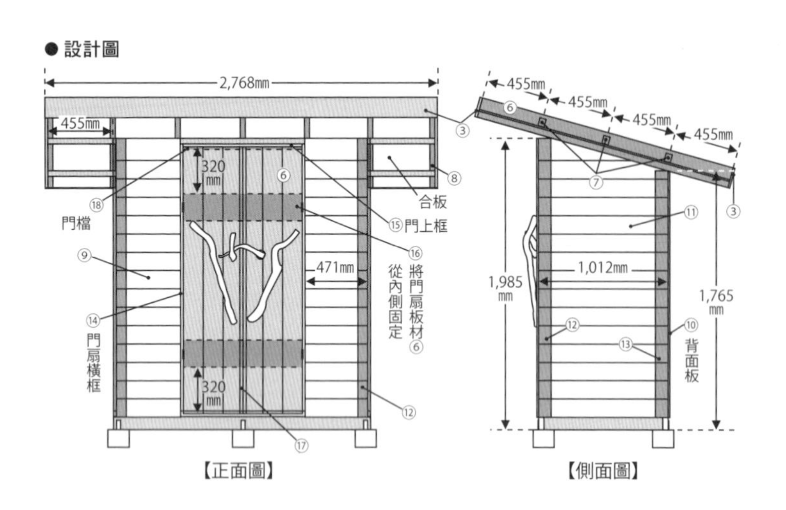

【正面圖】 【側面圖】

● 框架構造圖

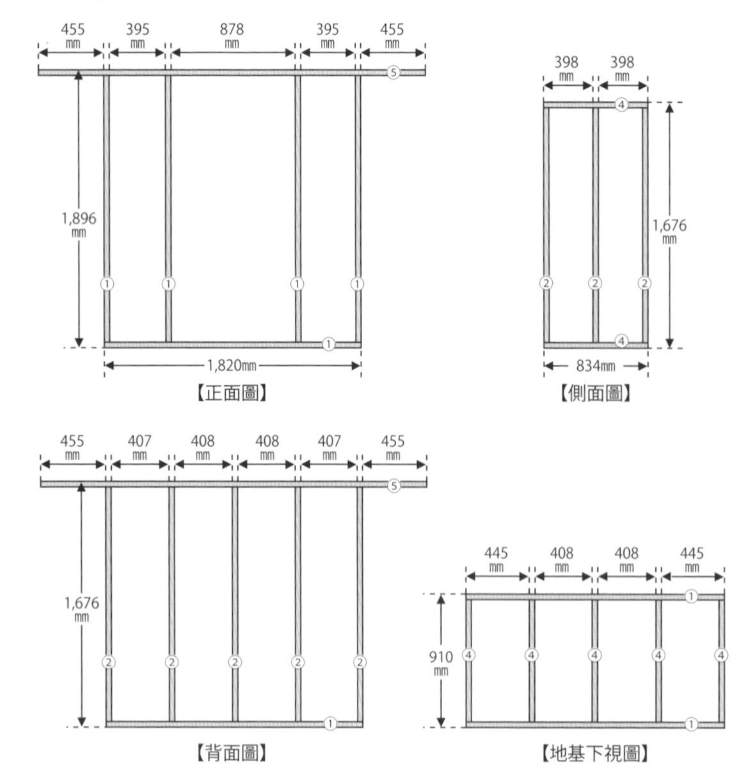

【正面圖】 【側面圖】 【背面圖】 【地基下視圖】

● 工具

水平器
圓鋸（或鋸子）
直角尺
捲尺
電動衝擊起子機
釘槍
電鑽
下孔鑽頭
木工用鑽頭（4mm）
鐵鎚
工藝刀
鏟子
刷子

● 材料

SPF2×4材（6英呎）………23根
SPF2×4材（10英呎）………1根
SPF2×4材（12英呎）………1根
SPF1×4材（6英呎）…………1根
SPF1×4材（10英呎）………1根
SPF1×6材（6英呎）…………8根
SPF1×6材（10英呎）…………2根
SPF1×8材（6英呎）…………1根
杉木斜樑（45×55×3,000mm）…………3根
杉木斜樑（36×45×1,820mm）…………7根
杉木屋頂底板（12×150×1,820mm）………38片
杉木屋頂底板（12×90×3,640mm）…………4片
杉木材（18×27×910mm）……1根
杉木橫條板（14×45×1,820mm）…………1根
混凝土模板用合板（12×910×1,820mm）…………4片
防水紙……………………………2坪
附固定片基礎石…………………6個
鉸鍊………………………………4片
天然木……………………………適量
木材保護塗料……………………適量
珍珠石……………………40L左右
木工用螺絲（32,40,45,75,90mm）…適量
細牙螺絲（45mm）………………適量
釘子（32,75mm）………………適量

CHAPTER 4

● 木材裁切圖

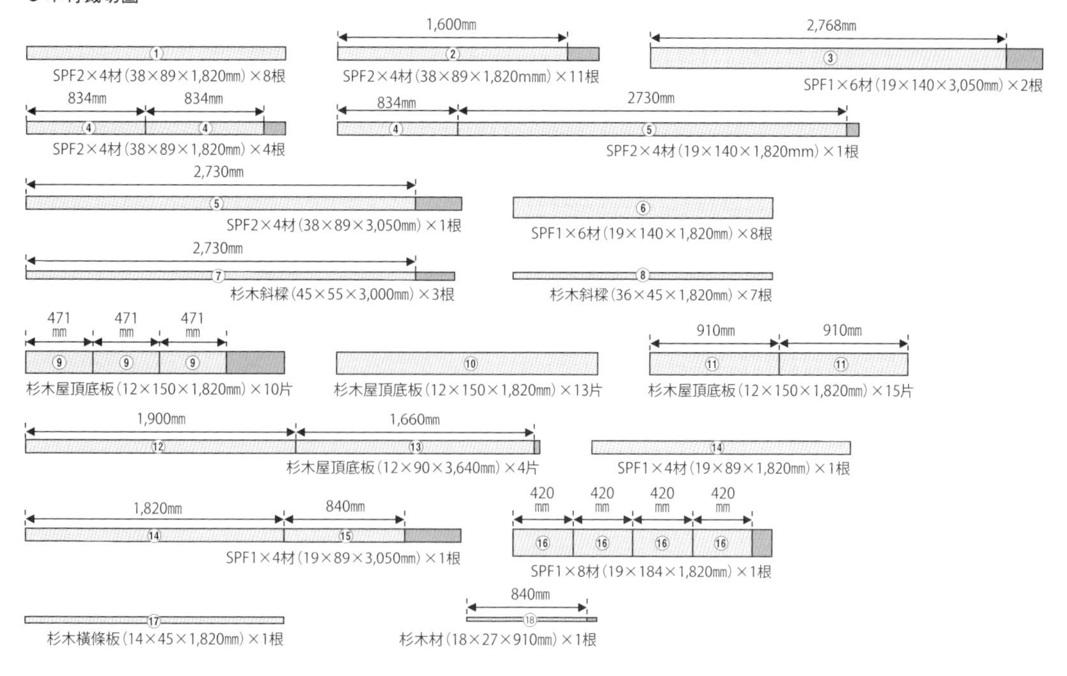

製作地基&底座

1 施工場所作整地，壓實後放上基礎石。基礎石使用水平器保持高度一致。參照木材裁切圖，使用圓鋸和捲尺及直角尺裁出材料。

2 以2×4材①和④製作底座，將有固定板的基礎石，以電動衝擊起子機及45mm螺絲固定。

3 在底座內側橫放上3根地板托樑④，從①的外側鎖入90mm螺絲固定。

4 在放上地板托樑的底座上，放上混凝土模板用合板，以32mm的螺絲與底座和地板托樑固定。

製作屋頂

9 在框架的桁樑間隔455mm跨上斜樑⑧，以75mm螺絲固定。屋簷凸出455mm。

10 在斜樑上放上3片混凝土模板用合板，再以32mm螺絲固定。

11 屋頂的內側貼防水紙。防水紙以釘槍固定在混凝土模板用合板上。

12 在屋頂側面的斜樑上以45mm螺絲安裝1×6材⑥，在正面和背面安裝1×6材③。

組立框架

5 參考框架構造圖，以2×4材組合正面、背面及側面的框架。材料接合使用90mm長螺絲。

6 將背面的框架立在底座的混凝土模板用合板上，以90mm的螺絲固定。

7 接著立起側面的框架固定。背面和側面的框架交接處，會如右圖所示。

8 最後立起正面框架，在底座和側面框架以90mm長螺絲接合。

製作牆壁

15 背面以32㎜螺絲固定屋頂底板⑩。上下板片重疊15㎜左右。可以邊材製作輔助定位用的治具（右）。

16 以同樣的方法在正面固定上屋頂底板⑨，側面則固定上屋頂底板 。

17 將屋頂底板兩兩接合成直角，以45㎜螺絲固定，裝在正面的轉角，隱藏空隙。以同樣的方法，以屋頂底板藏住背面的空隙。

13 在屋頂上安裝斜樑⑦。如下圖所示稍微騰空的狀態，從屋頂側面以45㎜螺絲固定。

14 安裝斜樑⑦是為了作成植草屋頂後，防止土壤流失。另一方面為了容易排水，在下側將合板裁出1cm左右的空隙（圖左）。由於斜樑⑦會直接接觸土壤，為了減緩腐朽，塗上木材保護塗料。

製作門扇

18 將1×4材⑭安裝在正面開口橫側，作為框架。使用45㎜長的螺絲。

19 將1×4材⑮使用45㎜螺絲安裝在正面開口上側，作為框架（桁木），完成門框（右圖）。

20 排列3片1×6材⑥，以2片1×8材⑯固定，使用40㎜螺絲。製作2個，作成雙開門。

21 在門扇的上下端安裝鉸鍊。開下孔後，準確地鎖上螺絲。下孔以接了下孔鑽頭的電鑽或手鑽開孔。

22 將安裝在門片上的鉸鍊，固定在小屋的門框上。

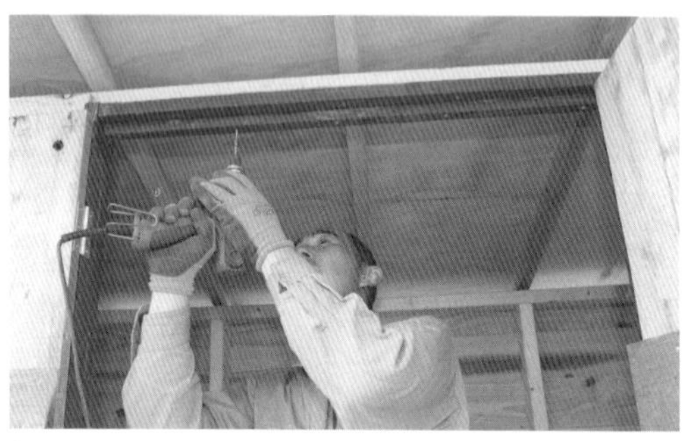

23 在上側的門框以45㎜細牙螺絲固定杉木材 ，當作門擋。

24 門片把手以天然木製作。以工藝刀削皮，要接在門上的部分以圓鋸或鋸子裁平。

25 天然木製作的門把配合門片，從內側以45㎜螺絲固定。

CHAPTER 4

26 在雙開門的一邊將橫條板 以32㎜螺絲或是釘子安裝，能在門扇閉合時，將雙開門的接合部分隱藏。

27 將Ø50㎜左右的樹枝裁成30㎜後，於要裝門閂的位置以45㎜螺絲固定。

28 在有適當弧度的天然木上，以裝了4㎜木工用鑽頭的電鑽開孔，以75㎜的釘子固定在步驟27的樹枝上。另一邊的門裝上能擋住門栓的部分，這樣門栓就完成了。

製作植草屋頂

29 為了讓要放在屋頂上的土壤重量減輕一些，將混了堆肥的田地土壤混入輕量珍珠石。

30 將步驟29混合的土壤，以鏟子平鋪在屋頂上。

31 撒上生長快速的小松菜或青江菜等菜葉類種子。也可以種植強壯易培育的分蔥和韭菜。

32 完成農機具小屋。之後會有雜草的種子隨風飄到屋頂上，自然就能培育出植草屋頂。

DIY DATA

難易度／★★
製作費／1,000日圓上下
製作時間／半日至1天
尺寸／約W2,000×D1,000×H1,000mm

以自然的力量發熱 利用釀熱溫床 培育早春的苗種

在落葉上盡情踩踏

溫床是為了在氣溫仍低的早春也能培育苗種，而以人工方式使苗床土壤溫熱，以促進育苗狀況。溫床土壤的加熱方法，農家多使用電熱機械，但是也有自古流傳下來、利用微生物發酵熱的方法，這就稱為釀熱溫床。

釀熱溫床的基本作法是將落葉和米糠層層重疊，加入水後在上面以腳踩踏。將大量的落葉藉著腳踩壓實，能促進微生物活動。開始發酵時落葉中的溫度超過50℃，之後會維持在30℃上下，並持續發酵一個月左右。利用這個熱度，就能夠在早春培育番茄、茄子、高麗菜和花椰菜等苗種。

以釀熱溫床培育番茄及茄子的苗（左）。以竹子和稻草作成圍欄，放入落葉再讓孩子們盡情猛踩。

● 材料

竹子（Ø20至30mm×L約2,500mm）…8根
（Ø20至30mm×L約1,500mm）…8根
（Ø40至50mm×L約1,000mm）…5根
保溫用塑膠布（2,000×3,000mm）×1片
固定夾（19,22,25mm）……適量
麻繩……適量
稻草……適量
落葉、米糠及水……適量

以竹子支柱撐保溫用塑膠布
保溫用塑膠布
將米糠和落葉等有機物層層疊上
以竹子夾住稻草
以固定夾固定
約600mm
300～400mm
約1,000mm

釀熱溫床的作法

以竹子和稻草製作的圍欄能確保透氣性，並排出多餘水分，不妨礙微生物的活動。
上端則以保溫用塑膠布覆蓋，減少熱氣外洩。

1 挖掘寬1×2m，深20cm左右的洞，四角立上直徑4至5cm、長1m的竹子。竹子插入地面下30至40cm。

2 在四角的竹子距離地面20cm及50cm的位置，以直徑2至3cm的竹子夾住，以麻繩固定。

3 在竹子間夾入稻草。稻穗朝上放置，緊密塞到沒有空隙。最後將高度剪齊至約60cm。

4 放入30至40cm高的土壤，周圍以土覆蓋熱氣就不容易散掉。

5 落葉裝到圍欄的一半高左右。落葉可從森林和公園等地方收集，裝在大塑膠袋內搬運即可。

6 整體薄薄地撒上米糠，大約能淺淺蓋住落葉的程度，接著倒入一桶水。也可以加上青菜和蔬菜殘渣。

7 在落葉上踩到緊實。體積減少後，再加入落葉、米糠和水繼續踩踏。

8 重複步驟5至7約十幾次，直到溫床內的落葉全部呈現壓實狀態。於正中間立上1m長的竹子，當作支柱。

9 鋪上保溫用塑膠布，以固定夾固定在竹子上。3至4天會開始發酵，待落葉中的溫度穩定在30℃左右，就能放上育苗箱。

土篩的作法

以市售的烤肉用鐵網來決定土篩的尺寸。
底座的滾輪和P.068的迴轉式堆肥發酵桶是相同構造。

● 安裝圖

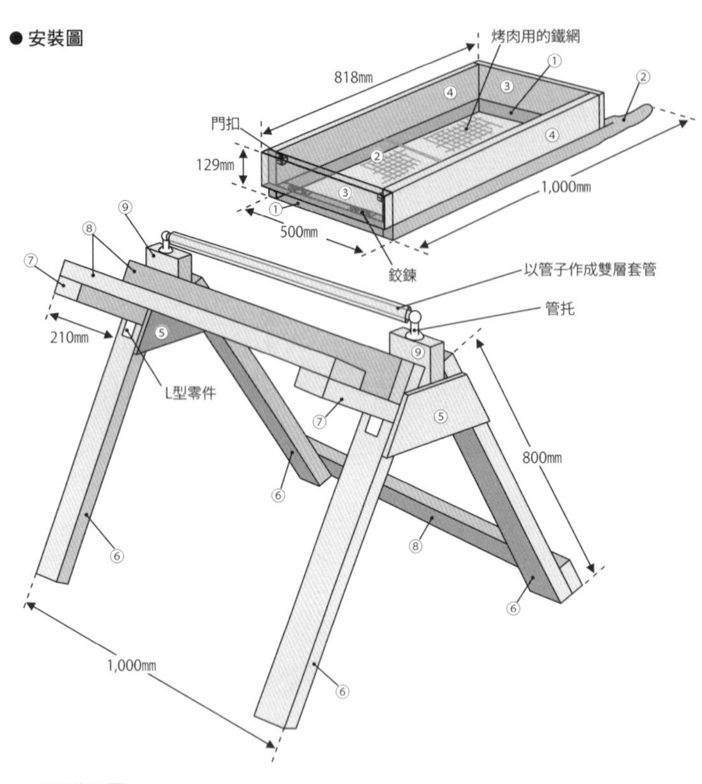

● 木材裁切圖

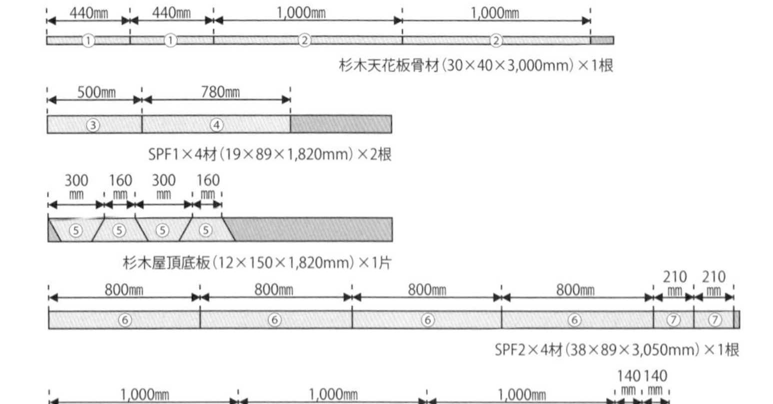

● 工具

圓鋸
直角尺
捲尺
工藝刀
拋光機(或砂紙)
電動衝擊起子機
電鑽
下孔鑽頭(或是手鑽)
砂輪機(或是切管機)
鐵鎚
十字起子

● 材料

【篩子】
杉木天花板骨材
(30×40×3,000mm)………1根
SPF1×4材(6英呎)………2根
鉸鍊………………………………2片
烤肉用鐵網
(500×800mm)…………………1片
ㄇ型釘(內寬5.5mm)…15至20個
轉角固定件
(單邊58×W15mm)………2個
門夾扣……………………………2個

【台座】
杉木屋頂底板
(12×150×1,820mm)…………1片
SPF2×4材(10英呎)…………2根
L型五金零件
(單邊為40×W40mm)…………2個
不銹鋼管
(Ø25×L910mm)………………1根
不銹鋼管
(Ø19×L910mm)………………1根
管托
(Ø19.5×H48mm)……………2個
螺絲
(32,45,75,90mm)
細牙螺絲
(32,45, 90mm)
※螺絲為篩子、台座兩邊共用

製作篩子

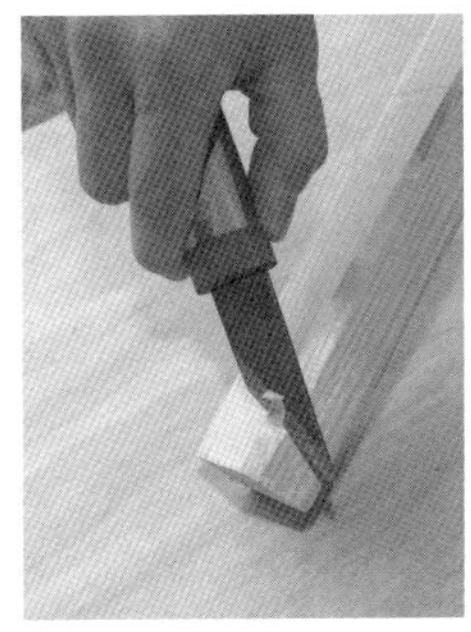

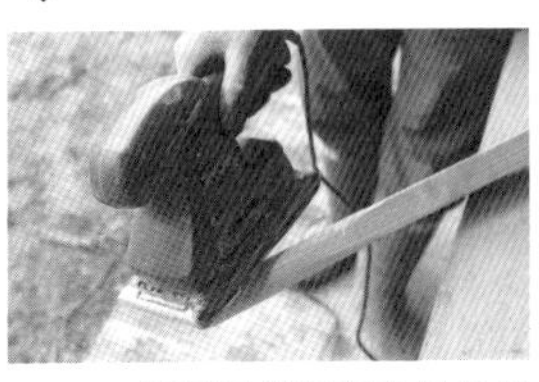

1 使用圓鋸和直角尺裁出需要的材料。杉木天花板骨材②的邊角，從距離邊緣100㎜左右以工藝刀削掉，使用拋光機將表面磨至滑順。

2 圖中下方為步驟1加工後的杉木天花板骨材②。為了當作篩子的把手，將邊角削去以合手。

3 將杉木天花板骨材①和步驟1加工成把手的杉木天花板骨材②，以電動衝擊起子機和75㎜螺絲固定，作出篩子的底框。

4 在步驟3組好的底框把手的另一側，以螺絲起子和電鑽裝上鉸鍊。鉸鍊的位置距離框邊120㎜左右。

5 在固定底框鉸鍊的那一面，以ㄇ型釘固定烤肉用鐵網。ㄇ型釘以鐵鎚打入固定。

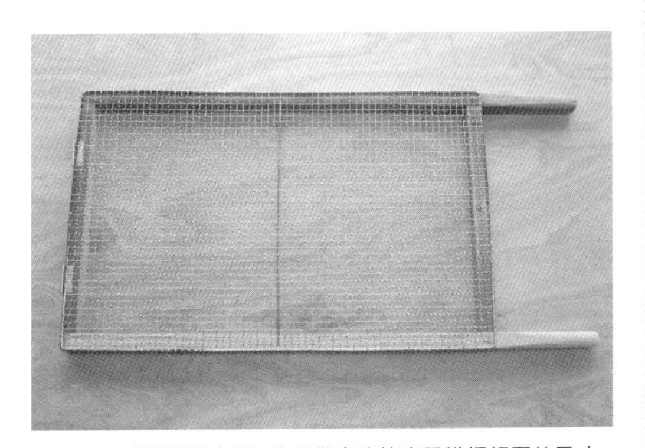

6 完成篩子的底框，作成與市售烤肉用鐵網相同的尺寸。

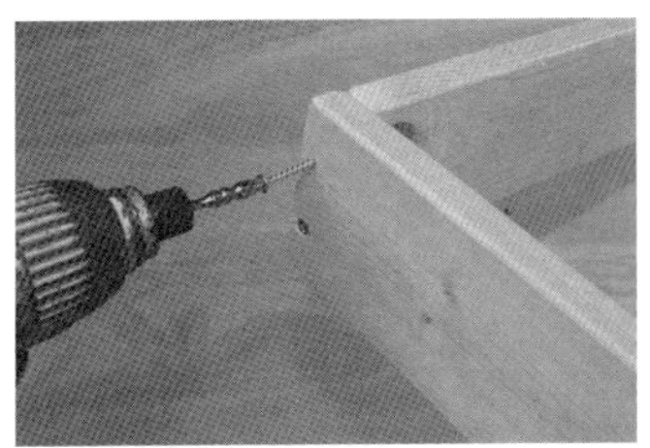

7 將1×4材③1片和④2片以45㎜細牙螺絲固定，組成ㄇ型框。

8 在步驟7組好的ㄇ型框架的轉角，將轉角固定零件以32㎜細牙螺絲安裝補強。

製作台座

13 參考木材裁切圖，裁切屋頂底板⑤，將2×4材⑥和⑤的斜邊對合，以45mm螺絲固定。

14 將屋頂底板⑤接在2×4材⑥的表面和背面，共製作兩個當作台座腳。

15 在台座腳的上端夾入2×4材⑨，以90mm螺絲固定。

16 在台座腳的下端和對面的上端，橫放上2×4材⑧，以75mm螺絲固定，將兩個台座腳連接。

9 將ㄇ型框放在底框上，夾住烤肉用鐵網，再以90mm的細牙螺絲接合。

10 在底框的鉸鍊安裝上1×4材③。配合鉸鍊開孔位置開下孔後，再以螺絲固定。

11 將步驟10安裝好的門扇關起，以決定門夾扣的位置，在ㄇ型框內側和門扇上，以所附的螺絲安裝門扣夾。

12 完成篩子本體，容量足以一次過篩4至5鏟土。

17 在左右的腳座以L型零件安裝上2×4材⑦。螺絲長度為32mm，L型零件使用堅固的款式。

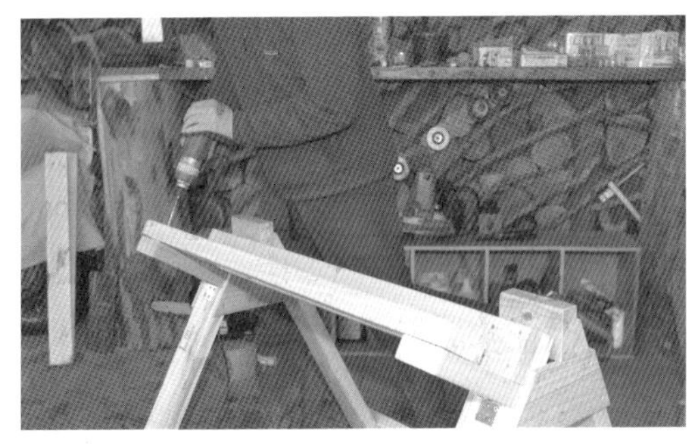

18 在步驟17安裝好的⑦上，以75mm螺絲安裝2×4材⑧。

19 在其中一邊的2×4材⑨上以所附螺絲安裝管托。

20 同P.070，將Ø25mm的管子以砂輪機或切管機裁成810mm長，內部穿入Ø19mm的管子。

21 維持Ø25mm管穿入Ø19mm管的狀態，插入步驟19安裝好的管托上。

22 在管子的另一端安裝另一個管托，固定在台座的2×4材⑨上。

23 完成。在台座下面放獨輪推車接土，篩好的土就可以直接移到別的地方。

處理菜園剩下來的石頭

篩完土後剩下的就是石頭了，可以鋪在車子的進出通路，使通路地面變得堅固，或整理在一處，用來當作小屋的地基，或在建造庭院時用來代替碎石。

DIY DATA

難易度／★★
製作費／3,000日圓上下
製作時間／1天
尺寸／約W660×D910×H700mm

活用雞隻習性的 小雞牽引機

利用雞覓食會扒抓地面的習性

我們家養了5隻雞，除了可以獲得雞蛋之外，雜草和蔬菜渣可以當作飼料，雞糞又能成為蔬菜的肥料。雞也非常喜歡蚯蚓和昆蟲的幼蟲，總是以腳扒開地面尋找食物，小雞牽引機就是活用雞的這種習性。

原理是將雞放入沒有地板的小

小雞籠，並放在菜園，雞會吃雜草、翻找地面，就能順便進行耕作。雞糞混在土裡，也會成為肥料。雞籠放置的位置處理乾淨後就移動到下一塊地，達到耕作、除草和施肥的效果。

● 材料

【框架】
①杉木材（30×40×910mm）………4根
②杉木材（30×40×590mm）………4根
③杉木材（30×40×1,010mm）………2根
④杉木材（30×40×600mm）………2根
⑤杉木材（30×40×180mm）………1根
⑥杉木材（15×15×350mm）………2根
【側牆】
⑦龜殼網（910×1,500mm）…………1片
⑧杉木板（（12×150××750mm）……6片
⑨杉木材（10×25×750mm）…………2根
⑩杉木材（10×25×460mm）…………4根
【前側山花板】
⑪合板（5.5×250×250mm）………1片
【後牆】
⑫合板（5.5×665×665mm）………1片
【屋頂】
⑬杉木板（12×150×1,000mm）…2片
⑭浪板（200×1,040mm）…………1片
【門扇】
⑮杉木材（30×40×515mm）………1根
⑯杉木材（30×40×225mm）………1根
⑰杉木材（30×40×310mm）………2根
⑱龜甲鐵網（480×320mm）…………1片
⑲天然木（長約400mm）……………1根
⑳鉸鍊……………………………………2片
㉑固定五金零件…………………………1個
木工用螺絲（32、75mm）……………適量
釘子（19mm）……………………………適量

在內側裝門擋
700mm
660mm
壓住鐵網邊緣
910mm

小雞牽引機的作法

以杉木材製作框架，牆壁則是使用鐵網。牆壁的一半貼上木板以提供遮蔭。
藉著提供昏暗的場所，母雞也能安心產卵。

1 分別以杉木材①和②各2根作出四角框，共製作2個，以杉木材③當作交叉拉桿。使用75㎜螺絲。③的邊緣依框架裁切。

2 將2個框架立起成尖頂狀，底部以④連接，使用75㎜螺絲固定。左右牆壁的交叉拉桿呈╳狀。

3 將合板依照框架背面的尺寸裁切成三角形，以32㎜螺絲固定。

4 於正面底部上方415㎜的位置橫放上杉木材⑤，裁切合板 ，以32㎜螺絲固定。以⑥製作正面左右的門擋。在側面將鐵網⑦以固定夾固定。

5 將杉木材⑮⑯⑰組合作出梯形的門扇，接上鉸鍊 。從內側裝上鐵網⑱，並安裝天然木⑲當作把手。

6 側面的後半側左右各裝上3片杉木板⑧，使用32㎜螺絲。杉木材⑨和⑩則壓住側面的鐵網邊緣，以32㎜螺絲固定。

7 框架上端安裝杉木板 ，像是要包住橫樑般彎折浪板 ，以19㎜釘子固定。

8 將安裝在門扇底部的鉸鍊固定在框架上，如果門扇不好開關，則削切木材調整，最後安裝固定五金零件 。

9 在完成的小雞牽引機放入雞後，放在雜草茂盛的菜園一角，就會馬上開始翻找地面。只要2至3小時，小雞牽引機所放的位置就會處理乾淨。

以鐵絲和藤蔓製作收穫籃

在編鐵絲籃時，如果有尖嘴鉗會很方便。

藤蔓籃的材料則利用冬天收集吧！

● 鐵絲籃的組立圖

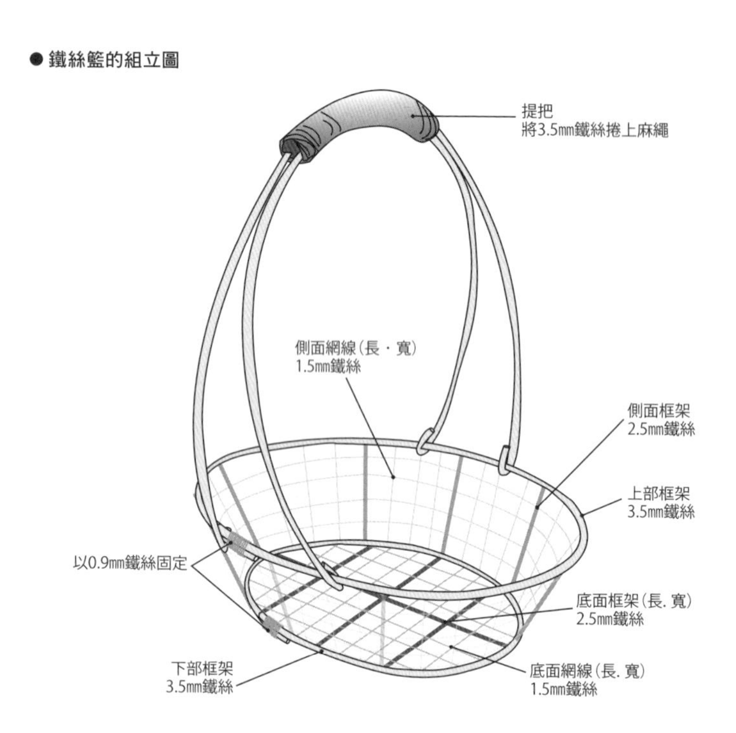

● 工具

油性筆
捲尺
斜口鉗
尖嘴鉗
園藝剪刀

● 材料

○ 藤蔓籃

木通，山葡萄，葛之類的藤蔓30至40m

○ 鐵絲籃

鋁鐵絲（Ø3.5mm）……………3m
（Ø2.5mm）……………………2m
（Ø1.5mm）……………………9m
（Ø0.9mm）……………………8m
麻繩……………………………適量

製作藤蔓籃

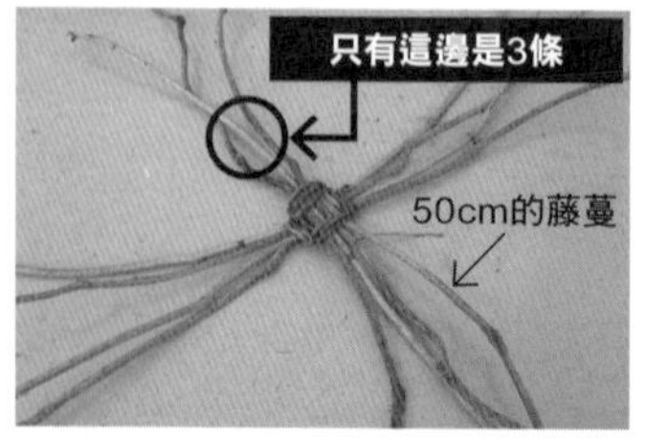

1 將7條1m長的藤蔓和1條50cm長的藤蔓排成十字，在中心固定。50cm的藤蔓只往單邊凸出，不橫跨中心。

2 將15條芯材與其他藤蔓上下交錯穿過，編織底面。如果藤蔓不夠，就再加上新的藤蔓，作成Ø20cm左右的底面。

3 底面完成後就將芯材立起，編織籃子的側面。編成適當深度後，將多餘的芯材纏在一起作成提把。

4 將芯材邊端纏在籃子上固定，如果剩很多則以園藝剪刀剪掉，完成藤蔓籃。

製作鐵絲籃

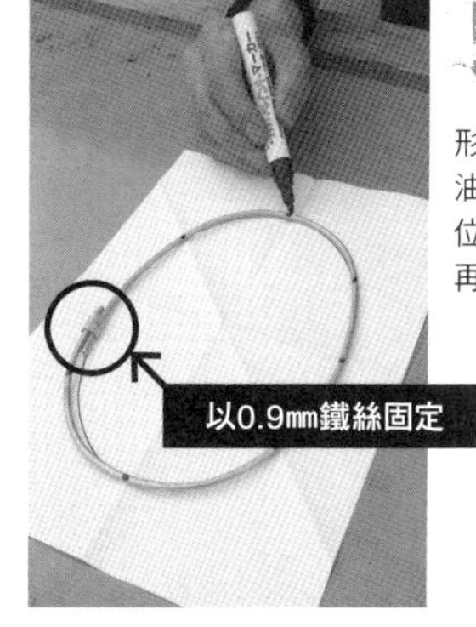

5 將3.5mm鐵絲剪出上部框架用80cm、下部框架用60cm長度，彎成橢圓形後以0.9mm鐵絲固定，接著以油性筆標出要接上側面框架的位置。鐵絲以捲尺量好長度後，再以斜口鉗剪斷。

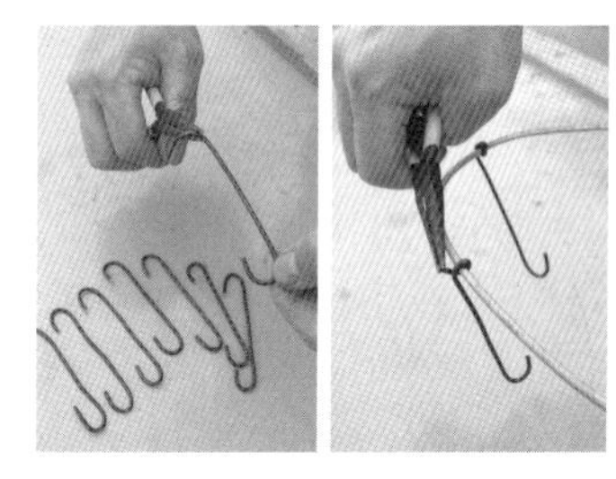

6 準備12cm長的2.5mm鐵絲8條，以尖嘴鉗將兩端彎曲，捲繞在上部框架和下部框架上。

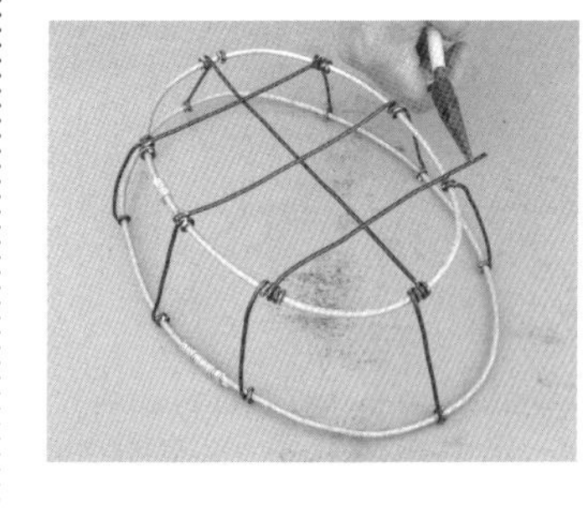

7 底面框架則縱向排上（長邊）1條，橫向（短邊）3條。使用2.5mm鐵絲配合製作狀況決定長度。

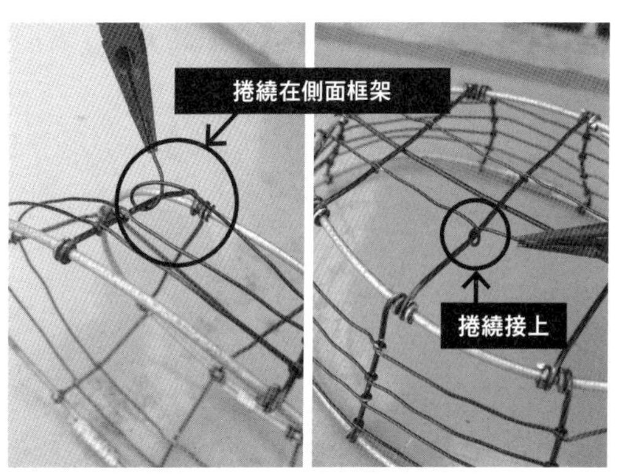

8 將1.5mm鐵絲在側面框架繞一圈，如此作出4條側面網線。以同樣方式作出6條底面長邊網線。

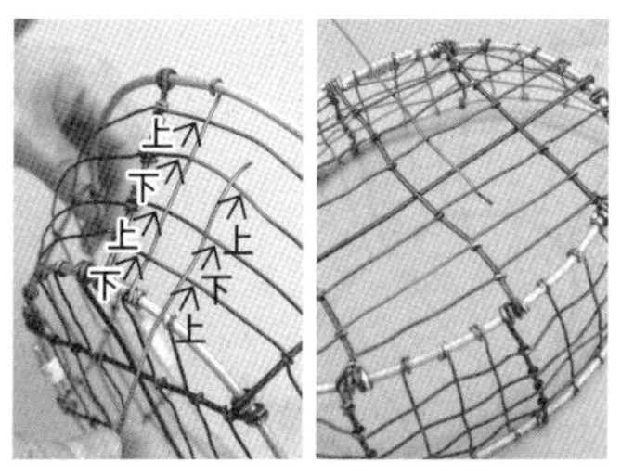

9 以1.5mm鐵絲作24條側面縱向網線。以同樣作法作出6條底面橫向網線。

10 準備3.5mm鐵絲 70公分2條，像是畫弧形般整理形狀後，固定在上部框架，捲上麻繩。

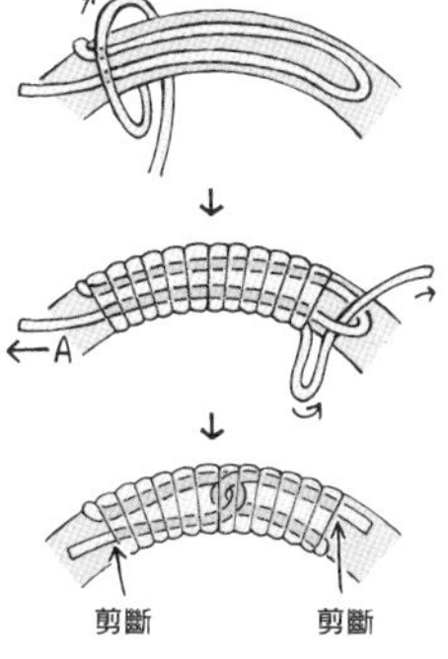

11 麻繩如左圖捲繞固定，就不容易鬆脫。

12 完成鐵絲籃。學會基本編法，就能自由變化出不同的形狀和大小。

解說本書所使用的用語
菜園DIY用語集

ㄅ

播種
撒作物種子。

ㄆ

坪
面積的單位，一坪約33m²，2張榻榻米大。

平行導尺
接在圓鋸上，沿著材料側面切割的工具，能夠平行材料的側面裁切。

耙子
握柄前端附有梳子狀尖齒的農具。

排水
水田在種植後將水完全放掉一次，使田地乾燥，有促進稻子發育的效果。

畔
為了不讓水田的水外漏，將泥土壟起作成的水田界線。

噴槍
能夠噴射氣體燃料燃燒的工具。

ㄇ

ㄇ型釘
固定配線用等，作成ㄇ字型的釘子。

木錘
木製的錘子。

木材裁切
將大片木材測量需要的尺寸後裁切。

木材裂開
指的是在打入釘子或是鎖固螺絲時木材裂開。

木紋
木材年輪或纖維呈現出的紋樣。

米糠
將稻穀精製成白米的過程中除去的外皮部分，能夠在米店取得。

苗床
用於育苗的場所。

苗床土壤
培育苗種場所的土壤。

墨斗
拉直線使用的道具。在裝了墨汁的本體有線捲，將線拉出，在繃緊線的狀態下拉彈，將材料彈上附著在線上的墨汁，拉出直線。

鎂
植物生長的必要營養素之一，葉綠素形成不可缺少。

毛邊
材料切斷或是開孔時出現的不平整狀況。

鏝刀
以不銹鋼或是鐵製的平板加上握把的工具，用於塗抹水泥砂漿。

門擋
為了不要使門關上時推得太內側，從門框凸出、能將門板擋住的部分。

ㄈ

腐敗
有機物產生惡臭分解。發酵和腐敗皆為微生物分解有機物，但兩者作用的微生物不同。發酵是糖分分解而產生；腐敗則是蛋白質分解而造成。

腐蝕
物質腐壞生鏽，形狀被破壞。

腐葉土
落葉和樹枝被微生物分解成土狀，是堆肥的一種。

發酵菌
能夠營造發酵作用的微生物通稱。

肥料
含有植物生長必需營養的資材。

翻攪堆肥
指的是在有機物分解成堆肥的過程中，為了提供氧氣給微生物，而攪拌有機物。

翻耙
田地灌水後，先將土壤弄得細碎，再將表面撫平的作業。

放樣
在材料上標出要加工的尺寸。標上的線稱作墨線。

防水紙
建築上用於屋頂和牆壁的防水處理，水無法通過的薄片。

防蟲網
披覆在作物上，保護不受害蟲侵害的資材。

ㄉ

底板
圓鋸或電鋸底部的平坦部分。

地力
土地培育作物的綜合能力。

地板托樑
建築物支撐地板的部分。

地基
建築物最下面，和地面接觸的部分。

地溫
地面的溫度。

釘槍
建築用釘槍，用於固定紙、布料和網狀的物品。

堆肥
將有機物發酵、分解後，能用於製作肥沃土壤的資材。

堆肥發酵桶
製作堆肥用的容器或工具的統稱。

大樑
安裝在建築物最高處的橫木。

帶皮板材
連著樹皮切割出的板材。

氮素
植物生長需要的營養素，特別是葉梗和根部成長不可缺少。

ㄊ

篠竹
一種約小指粗的竹子，高度約2至3m，群聚生長。

天花板骨材
建築材的一種，貼天花板時使用的細長骨材。

填縫
為了提高氣密性和防水性塞住縫隙，為此使用的材料被稱作填縫材。

土壤改良材
為了製作容易培育作物的土壤，用以改善透氣性、排水性和保水性的資材。

脫殼
將稻子去殼成糙米。

台座
建築物柱子下方支撐建築物的部分。

炭火
燃燒柴火的炭呈現燒紅的狀態。

炭化
將木材等有機物燒成黑炭。

ㄌ

樑
放在建築物的柱上，支撐建築物上方重量的部分，和大樑呈垂直方向。

磷酸
植物生長所需要的重要營養素，和氮素、鉀合稱肥料三要素，能促進開花和結果。

壟
在田中將土直線狀堆起，種植作物的地方。

鏤空板印刷
使用鏤空的紙型，塗上顏料作出文字或圖形的上色技法。

藍色帆布
塑膠製的布片，最常見的是藍色製品，故被稱作藍色帆布。

ㄍ

固定片
基礎石上的金屬平板片，用以連接固定柱子或台座。

管夾
農業工具之一，製作溫室時能將塑膠布固定在管材上。

工藝刀
適合用來削木材，堅固的工作用刀具。

攻牙螺絲
螺絲的一種，前端尖銳，能夠裝在電動衝擊起子機等工具上，直接打入材料。

鈣
植物所需的營養素之一。僅次於被稱作肥料三要素的氮素、磷酸、鉀的重要營養素。

耕作
耕田栽培作物。

ㄎ

卡榫
建築上將兩個部位的建材，接合部分加工成凸形和凹形後，連接成直角的加工方法。

扣鎖
維持門扇關閉的零件，按壓就能扣住門扇的構造。

ㄏ

合掌式
支柱立法的一種。將支柱斜斜排兩列，在上部交叉，橫向跨一支支柱後固定的工法。

害蟲
造成作物損害的蟲類。

夯實錘
壓實地面用的土木工具。

橫條板
建材的一種，用來作牆壁的打底材。

橫切面
可以看見木材年輪側的剖面。

ㄐ

鋸槽
在要以電鋸切割的位置畫出淺淺的溝槽。

基肥
作物種植前施作的肥料。

鉀
植物所需的營養素之一，能使根莖強壯。

交叉拉桿
為了加強建築物構造，在柱子和柱子間斜狀安裝的建材。

尖嘴鉗
前端呈尖細狀的鉗子，能夠輕鬆夾住小的物品。

く……………

氣泡石
以水槽飼養觀賞魚類時，將打氣機灌入的氧氣變為細氣泡狀的工具。

切管機
裁切管材用的工具。將圓盤狀的刀刃切入管材，並將管材轉一圈裁切。

牽引
使作物的藤蔓和莖梗纏繞在支架上。

曲尺
用來確認直角的金屬製尺規。比起同樣功用的直角尺，精細度更高。

T……………

細牙螺絲
木材接合用螺絲的一種。為了防止木材裂開，螺紋與軸心都較細。

下方墊板
在進行裁切和開孔時，墊在要加工木材下方的廢料。

下孔
為了將釘子和螺絲打入正確位置，先以電鑽或手鑽開的孔。也有防止木材裂開的功用。

下孔鑽頭
開下孔使用的鑽頭，安裝在電動衝擊起子機或電鑽上使用。

斜樑
從屋頂大樑跨到屋簷，支撐屋頂的建材。

修邊機
切削工具的一種，能夠將木材挖溝或是刻出裝飾。

線鋸
在ㄇ字形框架的開口部裝上細鋸絲，能進行曲線切割和細部切割。如果裝上鐵工用鋸絲，也能切斷薄片金屬。

橡膠墊片
能夠提高接縫氣密性的橡膠製品。

橡膠錘
頭部為橡膠製的錘子。

ㄓ……………

支架
用來支撐長得較高，或是有攀爬習性作物的棒子。市售品一般為環氧塑膠披覆鋼管。

植草屋頂
種植植物綠化屋頂。

止洩帶
能夠將水龍頭等連接處空隙封住的帶狀材料，材質為鐵氟龍。

治具
需要重複完成同樣尺寸或形狀的作業時，為了增加效率而使用的輔助道具。大多為配合用途自行製作。

主枝幹
植物中心的粗枝、莖梗。

裝飾
通稱在建築和DIY中完成作品時，讓外觀更好看的加工。

珍珠石
土壤改良材的一種，將礦物以高溫加熱發泡製成。

ㄔ……………

儲運箱
用於收割和搬運保管農作物等，有孔的塑膠製箱子。

門
讓關上的門扇不要打開的橫木。

撐板
桌腳與桌腳之間相互連接，承接桌面的橫板。

ㄕ……………

施肥
為作物施加肥料。

水泥砂漿
將水泥和沙混合成的材料，在砌磚或堆疊空心磚時會使用。

水管束環
能防止連接的水管鬆脫的固定零件。

水耕栽培
不使用土壤，而是以水和液體肥料栽培植物的方法。

水線
在製作建築物地基，或是堆疊紅磚時標示水平使用。

疏伐材
為了讓生長茂密的森林留出間隙，砍伐產生的木材。

授粉
種子植物，將雄蕊的花粉授給雌蕊。

杉木
冷杉的總稱，是常作為木材使用的樹種之一。

山花板
建築物屋頂下，作成三角形的牆壁。

剩料
切割後多餘的木材。

ㄗ……………

自由規
能自由改變角度的圓鋸導尺，也叫作自由角度規。

鑽石鋸片
要切割磚頭、磁磚和水泥等硬質材料時，裝在砂輪機上使用的刀片，刀刃有埋入人工鑽石。

縱切
將木材依纖維方向裁切，與纖維方向為呈直角裁切，則稱為橫切。

栽培容器
能在陽台等處栽培植物用的容器、花盆。

鑿子
用於加工金屬、岩石和磚頭等的工具，使用方法為將刀刃對著材料，從握把處敲打。

ㄘ……………

粗牙螺絲
DIY中最常使用的木材接合用螺絲。木工通常使用前端尖銳的自攻螺絲，使用電動衝擊起子機或螺絲起子，能夠直接鎖入木材中。

擦拭布
用來擦拭油脂和髒汙的布片。

側枝
從植物莖梗長出的旁枝。

殘渣
本書中主要指農作物收割後，剩餘下來無法食用的部分。

ㄙ……………

碎石
將岩石作成小塊碎散的石頭，作為園藝資材和建材，主要被用來固實地面。

松木
一般多指歐洲赤松。

一……………

壓克力顏料
如水彩顏料般能溶於水使用，乾燥後具有耐水性的顏料。

椰子纖維墊
園藝使用的，以椰子纖維作成的墊子。

油漆桶
鋼鐵製的罐子，通常用來裝潤滑油或油漆塗料。

有機物
以生物產生的碳素為主要成分的物質。

煙囪效應
煙囪內比外部氣溫要高時，外部冷空氣從煙囪下部的風口灌入，煙囪內氣體上升的現象。

桁樑
建築物放在柱上的水平建材，和建築物最高位置的大樑相同方向。

ㄨ……………

屋頂底板
貼在屋頂或是地板打底用的板材。

屋簷
從屋頂前端凸出的部分。

五金零件
指的是釘子、螺絲、鉸鍊等，主要用於木材接合的金屬材料。

溫室隧道
冬天防止作物受寒，使用塑膠布所作的隧道。

ㄩ……………

育苗
培育農作物的苗。

雨淋板
外牆貼板的一種工法。將長板子橫貼，板子的下緣和另一塊板子上緣稍微重疊貼上。

雲杉
生長於北美、俄羅斯、歐洲等松科雲杉屬樹木的總稱。

ㄡ……………

歐風蔬菜庭院（potager）
原文為法文「家庭菜園」之意。混合種植了蔬菜、花草、果樹和香草，兼具實用和觀賞性的庭院。

A～Z

2×4工法
建築工法的一種，將規格化的木材組合成框架，貼上合板作成地板或牆壁。

SAWHORSE BRACKET
能以2×4材製作作業台的專用五金零件。

手作良品 86

新手OK！
理想菜園設計DIY
親手作集雨器、農具小屋、堆肥發酵桶等23款田園生活必備用具

作　　者／和田義弥
翻　　譯／莊琇雲
發 行 人／詹慶和
總 編 輯／蔡麗玲
執行編輯／陳昕儀
編　　輯／蔡毓玲・劉蕙寧・黃璟安・陳姿伶
執行美編／周盈汝
美術編輯／陳麗娜・韓欣恬
出 版 者／良品文化館
發 行 者／雅書堂文化事業有限公司
郵政劃撥帳號／18225950
郵政劃撥戶名／雅書堂文化事業有限公司
地　　址／220新北市板橋區板新路206號3樓
電　　話／(02)8952-4078
傳　　真／(02)8952-4084
網　　址／www.elegantbooks.com.tw
電子郵件／elegant.books@msa.hinet.net

2019年9月初版一刷　定價380元

經銷／易可數位行銷股份有限公司
地址／新北市新店區寶橋路235 巷6 弄3 號5 樓
電話／ (02)8911-0825　傳真／ (02)8911-0801

國家圖書館出版品預行編目資料

新手OK！理想菜園設計DIY：親手作集雨器、農具小屋、堆肥發酵桶等23款田園生活必備用具/ 和田義弥著；莊琇雲翻譯. -- 初版. -- 新北市：良品文化館, 2019.08
　面；　公分. -- (手作良品；86)
譯自：やさしく学ぶ菜園DIY入門　収穫かごからロケットストーブまで野菜づくりがもっと楽しくなる本
ISBN 978-986-7627-14-8(平裝)

1.蔬菜 2.栽培

435.2　　108010192

STAFF

攝影 阪口 克（人力社）
設計 蠣崎 愛
製作 高橋寛行（地球丸）

材料提供
リーベ
以網購、企業、住宅改造及住宅建設四項業務為主，提供嚴選的商品及服務，並向客戶提供與居住、庭園、興趣等生活風格相關的提案，得到廣大DIY愛好者的深厚信賴，於本書中提供了復古磚瓦和枕木。https://www.1128.jp/

參考文獻
《家庭でできる堆肥づくり百科》（家の光協会）
《パーマカルチャー 自給自立の農的暮らしに》（創森社）

為自己&家人

量身定作一張桌、一方凳，

迷人的木質生活從此展開……

本圖摘自《全圖解・木工車床家具製作全書》

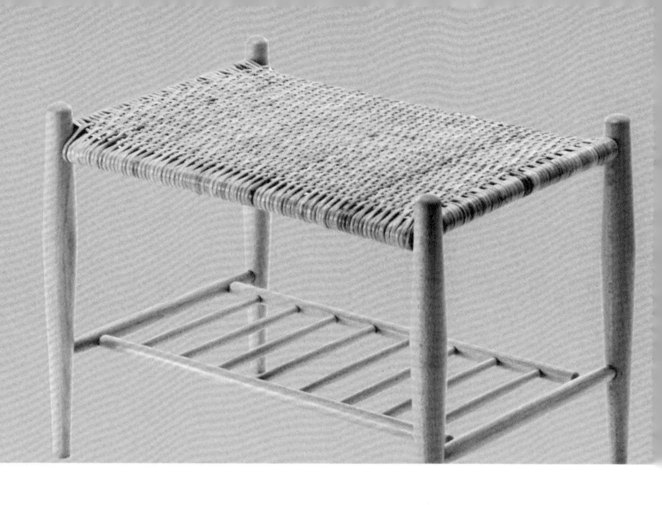

手作良品57
職人手技：
疊刷×斑駁×褪色
仿舊塗裝改造術
作者：NOTEWORKS
定價：380元
19×26 cm
112頁・彩色+單色

手作良品02
圓滿家庭木作計畫
作者：DIY MAGAZINE「DOPA！」編輯部
定價：450元
21×23.5 cm・208頁・彩色+單色

手作良品05
原創&手感木作家具DIY
作者：NHK
定價：320元
19×26 cm・104頁・全彩

手作良品20
自然風・
手作木家具×打造美好空間
作者：日本VOGUE社
定價：350元
21×28 cm・104頁・彩色

手作良品68
最受歡迎&最益智！
超圖解・
機構木工玩具製作全書
作者：劉玉瑁，蔡淑玫
定價：450元
19×26 cm・136頁・彩色

手作良品32
初學者零失敗！
自然風設計家居DIY
作者：成美堂出版
定價：380元
21×26 cm・128頁・彩色

手作良品45
動手作雜貨玩布置
自然風簡單家飾DIY
作者：foglia
定價：350元
14.7×21 cm・136頁・彩色

手作良品51
會呼吸&有溫度の
白×綠木作設計書
作者：日本ヴォーグ社
定價：350元
21×27 cm・80頁・彩色

手作良品82
全圖解
木工車床家具製作全書
作者：楊佩曦
定價：580元
19×26 cm・176頁・彩色

手作良品03
自己動手打造超人氣木作
作者：DIY MAGAZINE「DOPA！」編輯部
定價：450元
18.5×26 cm・192頁・彩色+單色

手作良品10
木工職人創修技法
作者：DIY MAGAZINE「DOPA!」編集部　太巻隆信・杉田豊久
定價：480元
19×26 cm・180頁・彩色+單色

LET'S
CHALLENGE

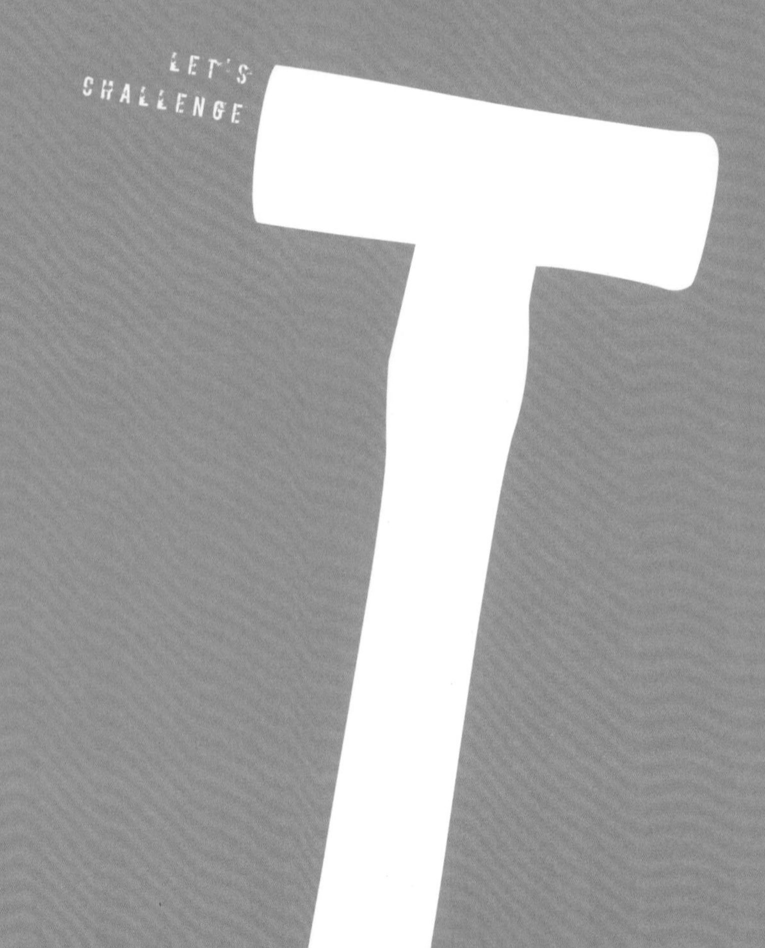
LET'S
CHALLENGE